等院校环境艺术设计专业系列教材

园林设计
Garden design

董薇 朱彤 编著

U0228613

清华大学出版社
北 京

内 容 简 介

本书是专门介绍园林设计的专业教材,根据园林设计课程的新形势发展要求,以作者独特的视角展示了园林设计这门艺术的魅力。全书以7章内容介绍了园林的起源、基本分类、功能等基本内容,详细分析了中西方园林在历史长河中发展的异同,探讨了园林美学、设计伦理学观点对设计师的指导作用和意义,以及适用于园林设计的包括园林布局、艺术构图法则、造景手法等基础设计理论,并对北方皇家园林、江南文人园林、寺庙园林、风景园林等经典园林进行了细致的介绍和解读,展现了中国古人的超凡智慧和中国历史人文精髓。

本书内容丰富,语言简洁,不仅适用于高等艺术院校的环境艺术设计专业和园林设计专业教学,并可以作为园林设计爱好者和在校学生的自学参考用书。

图书在版编目(CIP)数据

园林设计 / 董薇,朱彤 编著. —北京:清华大学出版社,2015(2023.1重印)
(高等院校环境艺术设计专业系列教材)
ISBN 978-7-302-38747-3

Ⅰ.①园… Ⅱ.①董… ②朱… Ⅲ.①园林设计—高等学校—教材 Ⅳ.①TU986.2

中国版本图书馆CIP数据核字(2014)第286331号

责任编辑:李 磊
封面设计:王 晨
责任校对:邱晓玉
责任印制:朱雨萌

出版发行:清华大学出版社
　　　　　网　　　址:http://www.tup.com.cn,http://www.wqbook.com
　　　　　地　　　址:北京清华大学学研大厦A座　　　　　邮　　　编:100084
　　　　　社 总 机:010-83470000　　　　　邮　　　购:010-62786544
　　　　　投稿与读者服务:010-62776969,c-service@tup.tsinghua.edu.cn
　　　　　质 量 反 馈:010-62772015,zhiliang@tup.tsinghua.edu.cn
印 装 者:涿州市般润文化传播有限公司
经　　销:全国新华书店
开　　本:190mm×260mm　　印　　张:13.75　　字　　数:359千字
版　　次:2015年5月第1版　　印　　次:2023年1月第5次印刷
定　　价:69.00元

产品编号:057968-02

序

由清华大学出版社组稿的高等院校环境艺术设计专业系列教材终于出版了。

该系列教材以"大艺术观"的独特视角，全面而系统地对相关专业内容进行了艺术设计特色的论述。

所谓"大艺术"，它包含两方面的内容。其一，高质量的生活是艺术。其二，高科技含量的生产也是艺术。这就完整地涵盖了人类生活的衣、食、住、行、用等各个方面，每一件与人休戚相关的产品以及产品的生产过程全都可能成为艺术。

而该系列教材所涉及的环境设计内容恰恰是"住"的宏观艺术设计。所以教材必须要教给学生新的观念、概念设计原理与现代设计理念。

何谓概念设计？即敢于提出前人未曾提出过的全新理念。所谓"全新"就是要有突破极限的勇气，其中主要是新技术和新材料的创新、设计极限的突破与创新等。

所以在讲述欧洲建筑艺术简史的教材中就突出了一条核心主线，即新材料是建筑发展史中最根本的因素，也是最活跃的因素。新材料催生了新的建筑结构的诞生，也促进了施工技术的发展。新材料必定产生与之相适应的新结构，这也必定会出现新的建筑造型与建筑文化，同时也产生了与新材料相适应的新的装饰手法。

建筑可以说是一切艺术的载体，它体现了不同的材质文化、审美文化、民族文化的特征，这样才会产生千变万化的不同地域文化。对于那些片面强调建筑是技术的观点要进行批判，要让学生树立建筑是造型艺术的观念，同时让学生了解任何有强大生命力的艺术形式必定是与当时当地的物质技术条件结合的最完美的优秀形式。所以任何一座伟大的建筑不是哪一个天才人物随心所欲地设计出来的。设计师要受到物质技术条件的制约，要教育学生不能将建筑设计当成纯艺术来进行随心所欲的设计。如果这种思想泛滥，将会产生许许多多的不负责任的、乱七八糟的建筑垃圾！

人类的"住"文化就是大艺术理念的体现。建筑是艺术，园林设计、景观设计和室内设计同样也是艺术。它们都是在现代设计理念的指导下进行设计。

中国古建筑之所以在世界建筑中占有重要的一席之地，自有其道理。中国古建筑的主材是木材，由于木材的结构性能与加工特点，形成了中国古建筑独特的造型特点，即轻盈、玲珑剔透、舒展大方。中国古建筑之美体现在屋顶之美、构架之美、屋面曲线之美、檐口曲线之美、翼角之美、装修彩绘之美等。要让学生对中国古建筑之美有理性的认知，这样将来在设计中可最大限度地消灭许多假古董和伪古建筑。

园林设计中的艺术含量是极高的，尤其中国园林设计是融诗、书、画于一体的综合艺术形式。园林设计是情的设计，设计师应善于采用寄情于景的设计手法，让游园的人能触景生情，通过置身于景中的人而从景中生出情来。这一因果的形成，设计师没有高深的文化与艺术修养是绝对不行的。组景要有极高的绘画构图能力，游览路线的设计要体现人性化，要有流通空间理论的认知原则，所以该教材突出了一个"情"字，落实一个"美"字。

景观设计的理念与园林设计极为相近，在该教材中突出了综合设计理念与现代审美理念问题。综合设计理念中主要提出了两个原则，一是不能破坏生态平衡，二是要体现人性化设计，尤其突出了为儿童、残障人士设计的原则，还提出了景观家具的设计原则。现代设计一定要体现现代审美情趣，其中主要体现工业技术美与机器加工美，即材料的固有美、加工技术美、肌理美和固有色之美，这样才能真正体现出现代设计之美。

　　室内设计也是主要体现空间构成与空间组合之美，这需要有较高的抽象思维能力，尤其要理解现代空间设计的全新理念，即流通空间设计的原理、虚拟空间的设计理念，同时还要理解建筑构建装修的美学原理，又要学习室内陈设设计、室内照明设计、室内绿化设计的艺术原理。这都是目前比较前沿的新理念，必须在教材中体现出来。这要求设计师全面提升自身的文化与艺术修养，这更进一步证明了设计是大艺术不可分割的一部分。

　　展示业是当今科学、文化、艺术、商业领域中不可或缺的一行，是社会发展的重要环节，其艺术含量也是不可忽视的。展示设计是文化创意的开发，创意所指哪些内容呢？就是培养社会应用与管理型人才，注重教学，使设计与社会实际需求相结合，就是如何合理、有效地将产品转变成商品，进而将商品转变成用户的用品。这是多学科的综合，它包含经济学、管理学、广告学、公共关系学、CI策划、展示设计等多学科的交融。该教材的教学内容主要包括展示的文化创意设计、标志的文化创意与设计、展示的版面设计与展示道具设计等内容。

　　关于环境艺术设计手绘表现技法和钢笔建筑画技法这两本教材，主要是要解决两个重要问题。一是培养学生快速表现设计的意图，二是极大提高学生的艺术品位与艺术修养。如果学生没有一定的手绘表达设计意图的能力，那我们的教育可以肯定地说，那是非常失败的！如果我们培养的设计师连最基本的表达能力都不具备，这样的设计师是不合格的。要想成为合格的设计师，必须在极短的时间内将设计意图比较完整地表达出来，这就要求培养学生极强的造型能力。所以教材从最基本的点、线、面等要素入手，循序渐进地提高学生的绘画能力，培养学生的设计准确表达能力。

　　该系列教材重点突出了艺术设计中的艺术内涵，让学生真正理解"大艺术"在现代设计中的重要地位。高质量的生活就是艺术！

天津美术学院

朱小平

2015 年 1 月 18 日于艺匠斋

前　言

纵观历史，从古埃及法老的华美庭院、古西亚悬浮空中的天国花园到古代东方布满奇珍异宝的旷世园林，人们无不将人世间最美好、最珍贵的人文情感和物质成果赋予园林。园林的设计集合了历代统治者或文人、平民百姓们的智慧和精华，为后人留下了宝贵的文化遗产和设计经验。

在中国经济快速发展的新时期，国家对处理环境保护与社会经济发展关系的指导思想进行了重大调整，把环境保护和改造摆在了更加重要的战略地位上。园林设计者将成为未来生态型、智能型城镇建设中的重要力量之一，社会对园林人才的要求越来越高。如何设置园林课程和培养新型园林人才，以适应社会发展和人们生活的新需要，是当前各大院校园林设计专业应当理性思考的问题。

目前，园林设计专业多注重培养能在城市建设、园林、林业部门和花卉企业从事风景区、森林公园、城镇各类园林绿地的规划设计的工程设计人才和专于施工、园林植物繁育栽培、养护及管理的工程技术人才。但未来的生活方式在不断更新，生活将是一种艺术，设计也是一种艺术，"设计源于生活，生活因设计而改变"。未来的园林人才更需要从理性的园林工程师和规划设计师提升为创造人们美的生活方式和生活享受的感性精灵。设计师应该具备一定深度的园林美学素养，在正确的设计伦理观念和道德思想的指导下，尊重历史、传承人文，科学合理地运用园林工程技术和超凡的创造力，让人们在户外感受空气中散发的迷人芬芳，享受自然馈赠予我们的美和幸福。

本书是专门介绍园林设计的专业教材，它不同于其他园林艺术设计书籍，是有着一定视角的环境艺术设计专业书籍。全书分为7章，具体内容如下。

第1章：介绍了园林的起源、基本分类、功能等基本内容，并详细分析了中西方园林在历史长河中发展的异同。

第2章和第3章：探讨了园林美学、设计伦理学观点对设计师的指导作用和意义，以及适用于园林设计的包括园林布局、艺术构图法则、造景手法等基础设计理论。书中运用了大量的新近案例和古代经典案例作为理论讲解论据，图片精美，内容丰富，能够开阔读者的眼界和视野，提升艺术修养。

第4～7章：单独用4章的篇幅将举世闻名的北方皇家园林、江南文人园林、寺庙园林、风景园林等经典园林进行了细致的介绍和解读，展现了中国古人的超凡智慧和中国历史人文精髓，使中国古典园林在世界园林史上成为极其重要的组成部分。古典园林建筑、叠山理水、陈设布局、植物造景等方法和原则，渗透了古人处理人与自然环境关系的观点和态度，对现代的园林设计具有重要的指导意义，值得后人深思和反省。

本书顺应园林设计课程学习的新形势发展要求，不仅适用于高等艺术院校的环境艺术设计专业和园林设计专业教学，并可以作为园林设计爱好者和在校学生的自学参考书。

本书由董薇、朱彤编著，在成书的过程中，朱小平、张海玉、李云朝、朱丹、王金麟、王钫、赵廼龙、卢雲、任海澜、张志辉也参与了本书的编写工作。由于笔者精力和能力所限，书中难免有不足之处，敬请广大读者朋友批评指正。

本书的PPT课件请到 http://www.tupwk.com.cn/downpage 下载。

编　者

目录

第 4 章　园林的建筑要素设计

第 5 章　园林的地形要素设计

第 6 章　园林的植物要素设计

第 7 章　园林的室内家具与陈设

第1章

园林设计
概述

人类在进化过程中，其思绪时常会翻涌着对大自然的好奇和恐惧，却又感叹大自然带给人类的无限智慧和勇气。大自然中弱小的人类群体，不仅需要展示征服自然的能力以证明自身的强大，还会像孩童一样害怕脱离母亲的怀抱，而努力回归自然。无论是东方瑶池还是西方天堂，都饱含了人们设想将园林理想化地打造为人间仙境的美好愿景。由此在不断的演变和发展中，使园林由最初的实用型园林向具备休闲娱乐、表达思想文化、实现审美理想等多功能的园林转变，形成了世界各地的不同时期、不同风格、不同样式的园林艺术，给后人留下了珍贵的文化艺术宝藏。后人对园林艺术的客观研究和深入探讨，使其能够散发无限的魅力。含蓄与直率在这里相遇，感性与理性相互碰撞，幽深与开阔能够互望。

1.1 园林设计基本概要

1.1.1 园林的起源

"园林"（在魏晋南北朝时才出现的，现已成为常用的名称）一词的由来，和其他艺术形式一样，在诞生的初期已不是茹毛饮血那个时代存在的精神奢侈品。大自然的生存法则，教会了人类去创造实用和适用的生活产品。长江流域的河姆渡古村落遗址显示，其村落布局依山势而建，居民临水而居。除了有鳞次栉比的居住功能区外，还附有食物储藏区、家畜饲养区、公共活动区、农作物种植区和物品贮藏区等。一方面，原始村落和早期聚居区的扩大；另一方面，原始生产及生活中的活动分工进一步细化，使得集会、居住、手工制造、农耕种植等使用功能区分得到了更详细的规划，如图1-1所示。

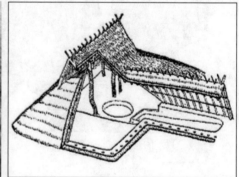

图1-1　河姆渡遗址中的村落

　　然而，我们没有能力穿越时空回到那个时代去记录原始先民们的生存状态。除了遗址发掘外，中国汉字的演化也给了我们另一个方面或角度的启迪。秦朝小篆的汉字原始象形逐渐消弱，文字符号化日益增强的重要转折阶段，从"园"字的小篆体以及后来演化的繁体"園"字的结构组合中，不难看出仍然残留着象形意味的小篆体，渗透了古人们在创造字形和字义时对"园"这种形式已经有了萌芽般的原始概念，字形万变而字义不离其宗，大概有土地（地形地貌）、有泉眼（水）、有禾苗（植物）和界垣（范围）的地方就能称之为"园"了。这种实用型的农耕种植园或采摘园，就是园林的原始形式，即园（林木园）、圃（蔬菜园）。它是古人用来绿化种植、菜蔬农耕的植物园，如图 1-2 所示。

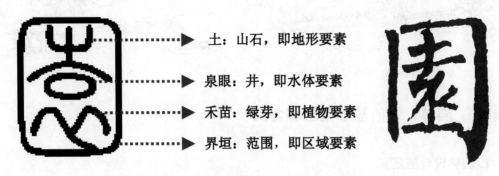

土：山石，即地形要素

泉眼：井，即水体要素

禾苗：绿芽，即植物要素

界垣：范围，即区域要素

图 1-2　文字从象形向符号化的转变，从原始生活中产生对园林的认识

　　由此看来，园最初并不像想象中的仙境那么曼妙和清雅。剩余的出现和私有制的产生，才使它从原始朴素的生产与生活中慢慢分离出来，由实用型的采摘园圃向赏玩型的游园转变。

　　世界上真正意义的园林则是从西方古代的圣林、乐园和中国古代帝王拥有的灵囿、灵台发展而来的，即来源于人类对神的崇拜和统治阶级自身的奢侈享受。据记载，早在埃及就已有流行的一种依附于神庙的树林，旨在使神庙具有神圣与神秘之感。在欧洲文明的发祥地古希腊，也具有对树木的敬畏之情，与神庙祭祀相比，圣林更受重视。不过另一方面，西方的统治者和贵族们在顶礼膜拜诸神之时也在建造自己的享乐园。从古代墓画中可以看到，祭司大臣已拥有享乐赏玩的私家宅园，西亚的亚述建造国王猎苑，后演变成游乐的林园。

　　同样，早在中国商周时期，帝王一方面供神定邦，在囿中设台，挖池为沼，建造通神之圣地，如周文王的灵台等。这些方形的夯土高台（中国古代园林中最古老的建筑形式之一），按东汉大家郑玄所说："天子有灵台者，所以观祲象，察气之妖祥也。"表明这种古代庞大的建筑形式有着观天象，通神明的原始功能；另一方面是寻求享乐。苑囿围合，与台相应。秦汉字书《三苍》中解释为"养牛马林木曰苑。"苑是古时开放式的植物、动物自然栖息保留地，后多指帝王游乐的花园；囿则是在苑的基础上划地域范围筑垣，其中草木鸟兽自然滋生繁育，是中国古代供帝王贵族进行狩猎、游乐的专属园地。诗经《大雅·文王之什·灵台》中记载周文王的灵囿时，重点描述了当时园林以自然天成的园林景观为主的特点："经始灵台，经之营之……王在灵囿，麀鹿攸伏。麀鹿濯濯，白鸟翯翯。王在灵沼，于牣鱼跃。"如图 1-3 和图 1-4 所示。

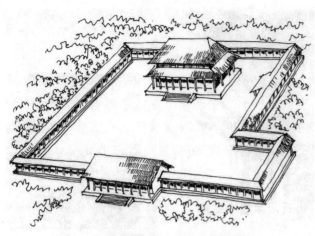 

图 1-3　夏王朝宫殿 河南二里头遗址复原图　　　　　图 1-4　周文王灵囿

1.1.2　园林设计的基本概念和含义

1. 园林设计的定义

（1）广义的定义

单就设计而言，园林设计是人类有意识地努力创造和谐生活的愿景，使用谋略策划出一种情境以满足预期需要的行为活动。

从伦理学和美学的角度分析，园林是人类在正确认识人与自然关系的前提下，建立的一种优美的生态环境、生活环境及社会环境。园林设计既是一种将生存空间呈现艺术境界综合美的创造性活动，又是运用科学和艺术调和自然、人类活动和生存空间之间的矛盾关系，使之达到和谐完美境界的综合性学科，如图 1-5 和图 1-6 所示。

图 1-5　优美的园林环境　　　　　图 1-6　现代园林的规划设计图

北京大学景观设计学研究院院长俞孔坚教授对景观类设计师的定义给了我们的园林设计一些启

示："景观设计师是运用专业知识及技能,以景观的规划设计为职业的专业人员,他的终身目标是将建筑、城市和人的一切活动与地球上的生命和谐相处。" 透过这段话可隐约体会到,园林设计不仅是一种科学的理性行为,还是一种文化和艺术的感性行为。

（2）狭义的定义

从工程和设计方面,园林设计就是在一定的地域范围内,运用园林艺术和工程技术手段,通过改造地形（或进一步筑山、叠石、理水）,种植树木、花草,营造建筑和布置园路等途径创作而建成美的自然环境和生活、游憩境域的过程。它受到艺术法则、工程技术以及法律法规的制约。

2. 园林设计学科的综合特性

园林设计作为一个综合性学科所涉及的领域非常广泛。

一方面园林的设计过程需要运用包括环境科学、心理学、园林美学、人体工程学、生态学、建筑学、材料学、力学、历史学、社会学、文学、艺术、园林工程技术等诸多领域知识的综合支持。

另一方面园林审美的标准不仅受到宗教、伦理道德、文化思想等众多观念的影响,还受到相关法律法规的制约。

再一方面,高品质园林的塑造还离不开互联网信息技术、多媒体交互技术及声光电的电子技术等多个领域的科技支持。

3. 园林设计课程的内容组成

由于上述园林设计的综合性,决定了园林设计的课程具备了涉及文学、绘画、设计、工程、技术等多个领域的特征。学生要学习园林设计的发展史、园林美学理论、园林设计主题创意策划方法、园林设计的造景手法、园林设计的艺术法则、园林设计的平面布局、园林设计的流线分析、园林设计的方案设计程序、园林工程设计的项目整体流程、园林设计的施工图纸内容及效果表达等。学生在积累自身修养和能力时,需要努力地理论联系实际,提高艺术积淀和审美能力,吸取中外园林之长,为我所用,为未来城市创造一个高品质的生活空间和环境。

1.1.3　园林的基本分类

根据不同的方面划分,园林可以有以下几种基本分类。

根据规模,可分为森林园林、城市公园、小游园、宅园、庭园,如图1-7和图1-8所示。

根据时代,可分为古典园林和现代园林。

根据布局形式,可分为规则式园林、自然式园林、混合式园林,如图1-9和图1-10所示。

根据隶属关系,中国园林可分为皇家园林、私家园林、寺庙园林、风景园林。

根据地理位置,可分为市区园林、城市绿地、郊外园林等。

根据使用功能,可分为国民性园林、动物园、植物园、游乐与运动性公园、体疗性园林、纪念性园林、历史性园林、风景名胜园林、住宅园林等。

随着现代园林设计越发关注园林的主题定位,还出现了雕塑公园、水公园、动漫乐园、影视公园等主题性的园林。

图1-7　森林公园　　　　　　　　　　　　图1-8　城市中的公园

图1-9　西方规则式园林　　　　　　　　　图1-10　自然风景园林

1.1.4　园林的功能

园林艺术设计有利于提高、改善城市中人们的生活水平和生活环境,有利于城市的可持续性发展,对保护城市的生态环境具有重要的意义。作为未来的园林设计工作者,在学习详细的园林设计方法和进行科学评判之前,需要对园林的功能方面有清晰的认识和较为深入的了解。园林的功能可归纳为四大功能。

1. 生态调节功能

郁郁葱葱的植物和花草,合理的地形以及多样的水体设计等,尤其是植物,对城市开放空间与大自然的和谐共荣起着重要的作用。

(1) 调节气候、温度及湿度

早在两千年以前,古埃及人就已经开始运用植物和流水来建造精美的庭院,以改善局部小气候了。植物的树冠就像张开的保护伞，在遮盖阳光的同时反射了部分紫外线，并将 30% ～ 70% 的太阳辐射热能吸收。园林中的水循环及植物生长循环过程中蓄积了地表大量的热能并蒸腾到高空中，增加了大气的湿度，并像强大的空气调节机一样为地表平衡温度，如图 1–11 所示。

（2）净化空气

空气中存在包括二氧化硫、二氧化碳在内的一百多种有害气体、大量的尘埃、油烟、悬浮颗粒等。被污染的空气会严重破坏人体健康。德国研究人员发现，空气污染除了会增加肺部疾病外，还会增加儿童"胰岛素抵抗"的概率，从而增加其糖尿病的患病风险。

绿色植物是天然的过滤器，具有对有害气体的吸收和净化作用以及吸附空气尘埃的清洁作用，能够使我们的生活空间更洁净。有测试显示：公园能过滤掉大气中 80% 的污染物，林荫道两旁的树木能过滤掉70% 的污染物。臭椿、悬铃木、垂柳、银杏、柳杉等都有较强的吸收二氧化硫的能力。一亩树林每天能吸

图 1-11　日本六本木新城的屋顶花园，可改善局部气候

收 67 千克二氧化碳，释放出 49 千克氧气，足可供 65 个成年人呼吸用。一亩树林一个月可吸收有毒气体二氧化硫 4 千克，一年可吸收尘埃 20 ～ 60 吨。

（3）缓解噪音污染

噪音污染不仅会让人烦躁，睡眠差，更会引发或诱发心脏病、学习障碍和耳鸣等疾病，进而减少人的寿命。噪音危害已成为继空气污染之后人类公共健康的第二个杀手。

研究证明，植树绿化对噪音具有吸收和消解的作用。据调查，苏丹地区偏僻部落中人的听力比城市居民听力好，特别是 65 岁以上的老人，多能保持较好的高频听力。早在西方 1964 年聋发病调查中显示，城市居民老年聋发病比乡村早，长期噪音损伤是其主要原因之一。

（4）净化土壤、杀菌洁水

丰富多样的园林绿化植物能够吸收土壤中的重金属，增加土壤中有机物质的含量，使土壤疏松，增强土壤的蓄水能力。测定结果表明：杨树、广玉兰、女贞和紫叶李是吃铅的能手，每千克杨树叶子中就有 3.12 毫克的铅。另外，据安徽大别山的实验测试结果显示：马尾松中龄林、马尾松成熟林、毛竹林、杉木中龄林的土壤蓄水能力为 1 年 48 129 ～ 69 487 吨 / 平方千米，比坡耕地 1 年 26 684 吨 / 平方公里高出 1 ～ 2 倍。

树木的分泌物有着较好的杀菌功能，据西北林学院学报的专业研究显示，通过对其校内 12 个树种采用不同方法的测试结果表明，所测试树木均有一定的杀菌作用，其中七叶树、云杉、圆柏较强，其杀菌效果一天内变化相对平缓，所有树种一天之中杀菌作用最强的高峰期在下午 16：00 时前后。人类排放废水中的有毒细菌和病菌进入森林土壤后，众多树木可以杀死细菌，而树木上的细菌也会

在紫外线和杀菌素的作用下消失，废水中的有毒成分在生物的作用下和大自然的循环中逐渐消失，净化后的水再汇集于地下和河流中。

（5）修复生态系统

生态系统是指由生物群落与无机环境构成的统一整体。2012年7月北京和天津在夏季严重的城市内涝提醒了我们，大量的建筑和铺装，使得城市绿地愈发减少，自然生态失去了平衡。生态的园林景观，能促进生态系统向良性循环的方向发展，还给城市自然绿地、让生物链能正常循环，即为《庄子·齐物论》中提出的"天地与我并生，而万物与我为一。"

（6）促进城市景观多样性

城市景观的多样性包括植物群落的多样性、地貌景观的多样性和生物景观的多样性。这三方面的形成，需要园林设计师借助于各种布局形式、各种造景手法、各种景观要素、各种色彩构成等，营造丰富多样的景观来科学、艺术地诠释人与自然的理想环境。相反，单一的景观环境无法满足人类的使用功能和其他生物的生存要求。地貌凹凸变化、水体流跌飞转、植物错落有致、建筑小品情趣可人，优美的园林削弱了人类与自然环境的隔阂和边界，植物群落和地貌景观丰富多样了，必然能吸引本来原属于被迫逃离本土的众多动物回归家园，生物景观也能随之得到改善，各种生物和谐相处，城市也能散发出自然的气息，并伴随着鸟语花香，如图1-12至图1-15所示。

图1-12　合理多样的人工植物群落

图1-13　上海鲁迅公园

图1-14　泰国的泰皇夏宫花园

图1-15　北戴河的海滩上飞鸟与人共享自然

2. 社会服务功能

（1）提供休闲娱乐

随着社会的快速发展，在繁忙的工作和学习之外，人们业余时间能去哪里？城市广场、游乐园、体育公园、海滨公园、湿地公园、森林公园、风景名胜区……放松其疲惫的身心，加深亲情友情，参与人际互动和交流，感受自然的美好，各种园林绿地给人们休闲时光提供了诸多选择，如图 1-16 所示。

图 1-16　长沙园林生态园百亩向日葵绽放情景

（2）提升生活品质

园林设计的目标就是引导人们体验高品质的生活方式和享有优质的生活环境，唤起人们追求生活的意识，热爱生活。那么，与之相匹配的优美的园林风景和高品质的园林环境的创造，一方面需要高科技含量的技术支持和先进基础设施的人性化配备，使游览者在游园过程中能够体验高科技带来使用功能的轻松、便捷与舒适感；另一方面需要在满足人们游玩休息等基本需求的基础上，开拓人们的视野，陶冶情操的人情化设计，使人们形成对自然的亲近感、激发生活情趣及培养积极的人生态度和价值观等；第三方面需要有引导人们提高自身的审美能力和欣赏能力的艺术化设计，使人们在游览中体味历史、文化及艺术魅力所带来的愉悦感和新奇感。

（3）助力人文传承

面对留存于世的精美园林，我们不得不感叹人类的智慧和创造力，这些成果代表了不同时代、不同文化、不同地域的人文特性。园林这种综合的艺术形式，能将"人文"一词中包含的时代特征、文明程度、历史积淀、文化个性、民族精神、世俗传统等通过不同的表现形式浓缩在其中。精致的园林景色如果没有丰富的人文内涵使其焕发生机和光彩，只能昙花一现后消失在历史尘封中。所以，园林作为人类文化的载体之一，担负着推动人文传承的重要功能，如图 1-17 至图 1-19 所示。

图 1-17　传统园林中苏州环秀山庄的秀美奇趣　　　　图 1-18　清代修建的颐和园

图 1-19　南京大屠杀纪念馆·和平公园内的景观艺术

（4）注入城市活力

　　包裹在水泥盒子中的现代城市，人们在社会高速运转中寻找着生存机遇，来不及思考"人应该怎样生活？"一方面，机器的轰鸣声和千城一面的状态正让我们的城市令一代代人失去记忆，只有延续城市的历史和地域文化才会给城市注入源源不断的新鲜血液，令城市焕发出永久活力；另一方面，人本身向往的自由和海阔天空的天性需要释放，孩子们找不到捉虫玩水的去处，自然景观被人工建筑和人造景观所代替。现代人越来越羡慕祖先们能在旷野上自由奔跑，闲情栖居。因此维护和再造城市中的自然园林景观，是给城市重新带来生气的重要措施。

3. 经济发展功能

园林作为一种环境、资源和产业，对城市和国家的经济发展起到了至关重要的作用。引用造园家约翰·O·西蒙兹高度评价纽约中央公园时的话："凡是看到、感觉到和利用到中央公园的人，都会感到这块不动产的价值，它对城市的贡献是无法估计的。"

（1）园林的环境效益

在考虑城市经济发展因素的时候，不能把环境因素排除在外。因为环境保护与经济发展是紧密联系在一起的。一方面，园林环境中生态景观价值和生态景观多样性设计形成的艺术价值能带来相应的绿化效益；另一方面，园林环境对城市的气候、温度、湿度、噪音、风袭、空气污染等的调节作用所形成的增值效益。

据一位印度学者计算，一株正常生长 7 年的树，它各方面发挥的作用所产生的价值，折算后约值 20 万美元。其中包括：产生的氧气约值 2.1 万美元；防止空气污染约值 6.2 万美元；防止土壤被侵蚀约值 3.1 万美元；涵养水源约值 3.7 万美元；为鸟类及昆虫提供栖息环境均值 3.1 万美元。上述所列举的还不包括树木的木材价值，以及供人遮阴、乘凉的作用。

（2）园林的资源效益

城市发展的一个重要基础就是资源的可持续性。生态园林的蓬勃生机，预示着丰沛的自然资源如阳光、空气、水、土地、森林、草原、动物、矿藏等，与社会资源如人力资源、信息资源、人文资源、物质财富等将为未来的城市发展提供能源和动力。据悉，湖北省林业厅与神农架林区合作开展的神农架国家生态公园建设已初见成效，全区森林覆盖率已达 96%，成为我国首批国家级示范自然保护区，并成功创建了国家 5A 级生态旅游区，林区大九湖国家湿地公园已成为"中国最美的湿地公园"，其优秀的旅游资源使当地林农收入提高，从事生态旅游的林农每年人均增加收入 2500 元，增幅为 20%，如图 1-20 和图 1-21 所示。

图 1-20　湖北神农架的自然资源　　　　　　图 1-21　神农架的山区景象

（3）园林的产业效益

园林的可持续资源同时带动了相关产业不断发展。首先，房地产业受益匪浅，各种绿色生态居住区或高品质生活空间如雨后春笋般出现。随着园林的大量出现和周边房地产的建设，使旧城改造加快，生态建设带动了城市整体建设的步伐。其次，园林的产业效应还体现在商贸业的繁荣兴盛。由此可以提供广阔的劳动就业，拓展了劳动就业市场，进而使农业结构得到相应的调整，形成良性增长，如图 1-22 和图 1-23 所示。

图 1-22　广东省中山市观赏鱼产业前景可观　　　　　　图 1-23　江西省南昌市梅岭的生态漂流

据 2013 年全国旅游工作会议上预计，2013 年全年中国的旅游收入可以达到 2.9 万亿元，国家的旅游人数达到了 32.5 亿人次，出境旅游的人也是越来越多的，达到了 9730 万人次，入境旅游的外汇收入达到了 478 亿美元，新增的旅游直接就业人员达到了 50 多万人。诸如上海迪士尼，它的总投资是 290 亿元，目前已经完成 131 亿元的投资；云南打造十大立体文化旅游项目，项目总投资是大约达到了 2000 亿元。

4. 人体调节功能

优美的园林环境不但对人的生理具有调节作用，而且对人的心理活动也产生了积极的影响。一方面，园林的生态调节功能可减轻空气污染对人体的伤害，提高人体的生理机能，有利于人类的生存和繁衍；另一方面，大量的园林景观给居民提供了游览、休息、娱乐、运动、交际、疗养、怀念、欣赏等活动的户外开放空间。园林犹如一方净土，人们在公园漫游、草坪阅读、林荫散步、郊游寻趣，还可敞开心扉，拥抱自然，陶冶情操，排解压抑和苦闷，使人精神焕发。绿色的自然园林景观对人的身心健康有着重要的作用。

号称纽约"后花园"的中央公园，不仅是纽约市民的休闲地，更是世界各地旅游者喜爱的旅游胜地。中央公园坐落在摩天大楼耸立的曼哈顿中心，是纽约最大的城市公园，也是纽约第一个完全以园林学为设计准则建立的公园。那里平坦、开阔，四周有足够的树荫，游人漫步其中，或坐看过往的行人，都会充满了乐趣。

1.2　东西方园林的发展历程

回顾人类文明几千年的发展历史，同在一个精神家园的不同地域的人们，创造出了不同的文明和多样性国家。与之同时诞生的园林艺术，承载了人类与自然交流的恒久主题，寄托了人们心中的美好和创想。

学习园林设计专业需要对世界园林发展的基本脉络有一定的认识和了解。

在世界范围内，中部文明起源于古西亚、古波斯，东部文明起源于古代中国，西部文明起源于古埃及、古希腊。世界园林可以细分为中国园林、伊斯兰园林和西欧园林，也可笼统地分为东方园林和西方园林，如表1-1所示为东西方园林发展历程表。

表 1-1　东西方园林发展历程表

西方园林			东方园林		
典型	年代	代表园林	典型	年代	代表园林
古埃及的法老陵园、神苑	约公元前27世纪—公元前11世纪	古埃及法老金字塔陵墓、阿布辛贝勒太阳神庙	商周的帝王苑囿	约公元前16世纪—公元前771年	商纣王沙丘苑台、周文王灵囿
古西亚的宫苑、悬空园	约公元前19世纪—公元前4世纪	亚述萨艮王宫、古巴比伦空中花园、古波斯帕赛玻里斯宫殿	春秋战国时期的宫廷园林	公元前770年—公元前221年	楚国章华台、吴王阖闾姑苏台、吴王夫差馆娃宫
古希腊的柱廊庭园、圣地园林	约公元前12世纪—公元前4世纪	雅典卫城	秦汉时期的建筑宫苑	公元前221年—公元220年	秦阿房宫、渭南上林苑、西汉建章宫、长乐宫、未央宫
古罗马的广场园林	约公元前9世纪—公元5世纪	凯撒广场、奥古斯都广场、图拉真广场	魏晋南北朝时期的写意山水园、寺庙园林	公元220年—公元589年	石崇金谷园、湘东王萧绎湘东苑、北魏华林苑
中世纪的基督教建筑园林、城堡园林	约公元5世纪—公元15世纪	巴黎圣母院、圣索菲亚大教堂、瑞士圣加尔修道院、巴黎温桑城堡园	隋唐时期的山水建筑宫苑、山居别业	公元581年—公元907年	隋西苑、华清宫、大明宫、王维的辋川别业（续）
伊斯兰的阿拉伯园林	约公元7世纪—公元18世纪	印度泰姬陵	宋元时期的山水宫苑、风景园	公元960年—公元1368年	北宋时期的寿山艮岳、南宋时期的临安城苑、元代的琼华岛
意大利的台地园	约公元14世纪—公元18世纪	埃斯特庄园、美第奇庄园	明清时朝的皇家园林、江南私家园林	公元1368年—公元1840年	圆明园、颐和园、承德避暑山庄、拙政园、留园、网师园等
法国的勒诺特园林	公元17世纪—公元18世纪	法国凡尔赛宫后花园、沃勒维贡特府邸花园	日本的枯山水园林	公元12世纪至今	龙安寺、桂离宫
英国的风景园林	公元19世纪	斯托海德风景园			
工业导向的现代园林	公元20世纪至今	法国拉·维莱特公园、美国黄石国家公园			

1.3　中国园林与西方园林的比较与相互影响

中西方园林艺术之所以呈现了风格迥异、差别极大的园林样式，是因为人类文明和科技发展的局

限性，使得它们在相当长的一段时期内，仅相对封闭地在各自的体系里独立发展。故不同社会背景下、不同文化传统和在不同的思维方式中，造就了别样精美的园林设计成果。尽管中西方园林的差异很大，但都是世界园林艺术的重要组成部分，其作为人类共同的宝贵财富，它们仍然具有一定的联系和共性，并逐渐相互影响。

1.3.1　中西方园林发展中的共性

1. 相似的园林起源

人类智慧的神奇之处就在于地球上不同角落、不同国度的人们，曾经没有便捷的交通工具、没有发达的信息交流手段，却不约而同地追求自然界之美，羡慕并企盼将这些美丽收纳在身边。尽管千人千面，表现形式各种各样，人们想象中的仙境都希望能通过营造秀丽的园林得以实现。

中西方园林不但有着十分相似的起源，而且在不同时期出现的园林类型也是相似的。造园活动都经历了古代的功能型园林→赏玩型园林→合宜型园林三个不同的时期。西方园林起源于圣林、乐园；中国园林则由古代帝王的灵台、灵囿发展而来。圣林和灵台都是人类崇拜神灵的圣洁之地；乐园和灵囿又都是古代上层阶级为自己奢侈享受而打造的人间天堂。

2. 理想化的园林愿景

在园林美的标准方面，中西方园林也具备园林愿景同一性的特点。日本造园中对"净土"的理解，是为追求清净、美妙的极乐世界。中国园林对世外桃源和神仙仙境的向往历史更为久远。在皇家园林圆明园的近百个景观设置中：武陵春色是仿陶渊明的《桃花源记》中的场景；蓬岛瑶台是仿李思训"仙山楼阁"中的画意，以及古代神话传说中的神仙境界；古埃及人对彼岸世界的笃信和想象也在现实的庭院设计和陵墓装饰中得以体现，在干燥酷热的尼罗河旱季，埃及法老也在庭院内享受着用璀璨珠宝和黄金、珍奇异树、清凉溪流打造的人间天堂；古巴比伦梦幻中的空中花园内，高大的台阶上种有全年翠绿的树木，河水从花园旁的人工河流下，台地山丘与环境融为一色，远远望去，层层绿植仿佛是飘浮在空中的天国花园，如图1-24至图1-26所示。

图1-24　古巴比伦的空中花园　　　　　图1-25　古埃及法老的陵墓壁画中法老享受的乐园

图 1-26　中国汉代模仿瑶池仙境的皇家园林

3. 人工化的园林营造

　　中西方园林都是采用人工方式建造的，并且二者在运用园林构成要素上都包含了地形、建筑、水体、植物、小品等物质要素，具有构成要素的物质同一性。

　　古代"造园"一词中的"造"字表明了园林不是自然的复制和翻版，是需要加入人的主观审美和智慧进行改造或创造的产物。自然美不等于理想美，即使是主张自然天成的中国园林也必然会存在人工成分。我国造园有着悠久的历史，诗经《大雅·文王之什·灵台》中描述："经始灵台，经之营之。庶民攻之，不日成之。经始勿亟，庶民子来。"可见，在奴隶社会时期已经有了人工挖湖堆山的造园记载。明代造园家计成在《园冶》的自序写道："此制不第宜掇石而高，且宜搜土而下，令乔木参差山腰，蟠根嵌石，宛若画意；依水而上，构亭台错落池面，篆壑飞廊，想出意外。"明确表达了古人追求"想出意外"、"宛若画意"的园林效果，是通过对山石、植物、水体、建筑等进行人工处理来营造的。闻名世界的苏州私家园林也多半是人工化的园林，更不用说主张理性主义的西方园林了，植物修剪、建筑布局、景观控制无不体现出强烈的人工意志。

4. 精品化的园林呈现

　　园林艺术是集结了人类财富和智慧的精品之园，已成为一种奢侈品：财富之精华（珠宝、文物、贵重金属等）、艺术之精华（绘画、雕塑、音乐等）、人文之精华（德行精神、思想文化、历史传统等）。私家园林小巧精致、清雅脱俗、重品位精神，为民间浓缩之精品。皇家园林规模宏大、金碧辉煌、聚天下奇珍，为国家浓缩之精品。

古波斯文 Pairidaeza,意为"豪华的花园",在英语中可理解为"天堂"。《圣经》里有这样一段人类对天堂乐园的描述:"上帝在东方的伊甸,为亚当和夏娃建造了一个乐园。那里地上撒满金子、珍珠、红玛瑙,各种树木从地里生长出来,开满奇花异卉,那里天不下雨却五谷丰登。"由此可见,不同地域的人们对园林的精品化理解也具有相似性特点,如图 1-27 所示。

法国作家维克多·雨果在描述圆明园时道:"在地球的某一个地方,曾经有一个世界奇迹,它的名字叫圆明园……它是汇集了一个民族,几乎是超人类的想象力,所创作的全部成果。这是一个震撼人心的,尚不被人熟知的杰作。就像在黄昏中从欧洲文明的地平线上看到了亚洲文明的倩影,那里不仅有艺术珍品,而且有数不胜数的金银财宝。"圆明园是用语言难以形容的仙境般的精美园林,如图 1-28 所示。

图 1-27　西方艺术家构想的伊甸园

图 1-28　旷世园林圆明园——中国清代皇家园林

5. 政治象征的园林意义

纵观历史,每一个辉煌的时代和王朝都诞生了统治者引以为傲的旷世园林。园林寄托了统治者伟大抱负下的政治情感,是其强大权力的象征,同时反映了统治阶级的审美情趣和理想。拥有规模宏大的精美奢华的园林,是统治者彰显国力和体现统治才能的重要标志。中西方园林的服务对象主要都是统治阶级,其次才是宗教、文人和富人,二者总体上都具有社会服务对象的相似性特点,如图 1-29 和图 1-30 所示。

图 1-29　古人幻想中的三仙岛鸟瞰图

图 1-30　法国凡尔赛宫大花园

例如,圆明园中的万方安和、九州清宴、天地一家春等景观设置,就是大清皇帝将君主专制发展到顶峰的集中体现，代表了君主对大清帝国国泰民安的殷切期望。与此同时，世界闻名的法国凡尔赛宫及后花园，同样是至高无上的"太阳王"（路易十四）在权力和国力达到鼎盛时期而建造的。其是当时法国拥有的欧洲最庞大和奢华的皇家园林，该园林面积达 100 万平方米，且拥有当时世界上最先进的大型机械喷泉。站在其正宫前极目远眺整个花园，玉带似的人工河上波光粼粼，帆影点点，两侧大树参天，郁郁葱葱，绿荫中女神雕塑亭亭而立，喷泉雕塑群造型各异，美不胜收。

1.3.2　中西方园林发展中的个性比较

中西方园林风格迥异，在世界园林中都占有重要的地位，下面从文化思想和风格形式两方面来分析其各自的个性特征。

1. 中西方园林文化思想的比较

（1）世界观之比较

从认识世界的角度来看，与西方实验推理、雄辩论证的客观看待世界的方式相比，中华民族对待客观世界较为感性，习惯把客观世界纳入主观世界之中，用社会性和哲学的观点来理解自然，注重伦常之理，着重于人的主观内省。以水为例，中国人几千年形成了以水传情的文化取向，如"问君能有几多愁，恰似一江春水向东流"，以水诉情思、寄托感悟，古今之例，不胜枚举。而到了近代，中国人才从西方人那里得知"水"是由客观存在的分子及其相应结构组成的，即两个氢原子和一个氧原子。正是因为中国人把客观事物都赋予了伦理道德和人性色彩，故在造园中也讲究以景渗透文化内涵、寄托人的品格精神等，每一处园林景观，甚至每一处山水、石木、花草都被赋予了东方人的品性和气质。

从看待事物的角度来看，在中国文化的影响下，人们认为事物既对立统一，又相互转化。"天下万物生于有，有生于无"，认为世间事物均为"有"与"无"之统一，"虚"与"实"之统一，这种辩证观念比马克思主义理论还要早将近一千多年。故中国造园在讲究含蕴、深沉、虚幻的同时，尤其是虚实互生，成为中国园林的一大特色。一方面，现实存在的园林空间为实，游人在空间中理解和体味的园林意境为虚，甚至感悟园林蕴含的道德、真理与智慧，皆为虚；另一方面，园林中包括建筑、山石、园路等为实景，水体、植被、花草为虚景，甚至自然生长和气候变化带来的气味、风声、阳光、雨雪、鱼虫鸟等皆为虚景。这些实景和虚景组合在一起，虚中有实，实中有虚，妙趣横生。而西方秩序分明、建筑突显、规则严谨、一览无余的园林风格与之截然相反。

（2）自然观之比较

中西方自然观的差异体现在对自然美的判断和欣赏上。西方人认为纯粹的自然是残缺的、非理想的状态，其不具备人类眼中美的理想状态，需要通过加入人类主观能动性，强调人对自然的改造和创造，以达到自然环境下的形式之美。亚里士多德认为："美要靠体积和安排。"因此他这种美学时空观充分体现在园林艺术中，体现为将数和比例的和谐奉为美的最高境界。西方园林里对节奏、连续、对比、对称、平衡、严谨、方正、秩序等人工控制性设计尤为突出，如图 1-31 所示。

而中国园林追求的最高境界则是"虽由人作，宛自天开。巧于因借，精在体宜。"、"欲扬先抑，曲径通幽"。不仅倡导外在的形式美和含蓄的表达手法，而且更加追求人与自然和谐统一下的意境美。

一方面赞赏大自然鬼斧神工的奇妙和精彩，另一方面利用人的智慧，萃取、提炼、抽象，将景致融于自然之中。"借者园虽别内外，得景则无拘远近"，使景与景之间相互呼应，即使用地空间狭小，也能营造出"庭院深深深几许"的景深效果。尤其是江南园林，越是小园越讲究自然之美。故园林能够顺应自然并能更深刻地表现自然，达到"天人合一"的理想园地环境，如图1-32所示。

图1-31　西方园林的人工秩序美

图1-32　中国园林的自然含蓄美

（3）价值观之比较

西方的人本主义和个性文化，崇尚以人为中心，强调人在自然中的地位和作用。决定了西方人在处理人、建筑、园林与自然关系中的价值观。人本位的价值理念形成了西方园林非含蓄的、以人造建筑为中心的园林景观。整个园林中，建筑处于园林景观轴线的中心，展现出建筑统率着花园，花园从属于建筑的园林格局，重在表现人与自然的对抗之美。黑格尔曾说："最彻底地运用建筑原则于园林艺术的是法国的园子，它们照例接近高大的宫殿，树木是栽成有规律的行列，形成林荫大道，修剪得很整齐，围墙也是用修剪整齐的篱笆造成的，这样就把大自然改造成了一座露天的广厦。"

而中国的群体性文化，非常重视家庭及亲友关系；重视民俗传统和民族精神、为人的德行和处世哲学，所以群体性文化带来的价值观贯穿于中国园林设计之中。在生活的品质和追求上，和谐是基础。以园林建筑的功能和布局为例，一方面，既在功能上满足了中国人的家庭关系需求和社会关系需求。园林中家庭生活建筑布局规整集中、院舍连接紧凑、层次分明，社交聚会之所多设于园内山水间。如网师园以彩霞池南小山丛桂轩、蹈和馆和琴室为中心，是园主聚友宴乐之所在，友人进入轿厅之后，可从小门直接进入这一区域，彩霞池北岸的集须斋和看松读画轩以及西面的殿春簃，是园主会友读书、吟诗作画之处，体现了士大夫文人们的文化生活，如图1-33至图1-36所示；另一方面，在建筑布局方面，既是古代园林关于"道法自然"、"天人合一"美学思想的体现，又是中国群体文化的反映。建筑轻巧、玲珑，与大自然融为一体，含于花影树荫之中若隐若现，完全不同于西方的严谨规整的人工园林；再一方面在品行的审美标准上，园林建筑装饰、植物配置和室内陈设上更能体现出文雅、清高、脱俗和气节，如建筑以"澡身浴德"、"玉壶冰"等标榜人的高尚品德，用"竹"代表人品清逸、气节高尚，用"梅"体现学子坚忍不拔的高尚品格等。

图 1-33　网师园东南部的小山丛桂轩

图 1-34　南部的蹈和馆

图 1-35　北部的看松读画轩

图 1-36　东北部的竹外一枝轩、集虚斋

2. 中西方园林风格形式的比较

如表 1-2 所示为中西方园林风格形式的对比。

表 1-2　中西方园林风格形式

对比项目	西方园林的艺术风格	中国园林的艺术风格
理念	既由人作，必显人为	虽由人作，宛自天开
风格	逻辑思维之形式美	诗情画意之意境美
空间	分割清晰，秩序井然	欲扬先抑，收放自如
地形	或开阔平坦，或阶梯台地	相地合宜，得景随形
布局	几何形的规则式布局	不规则的自然式布局
建筑	建筑控制总格局	建筑与园林融为一体

（续表）

对比项目	西方园林的艺术风格	中国园林的艺术风格
道路	主、副轴线分明，规整几何形的林荫大道	自由起伏，曲径通幽
树木	对称种植、修剪整形，设绿篱、草坪	自然群落种植、孤植、丛植、密林
花卉	秀毯式植坛、花带、花海	自然花丛、花群、花台
水景	湖池轮廓整形，另有喷泉、跌水、瀑布、水渠等	湖池轮廓自然曲折，另有河、溪、涧、滴、泉、瀑等
雕塑	人物、动物	大型假山（太湖石）、石刻、砖雕、木雕
小品	神龛、瓶饰、园灯、栏杆等	石品、盆景、匾额、楹联等

1.3.3 中西方园林的相互影响

1. 中国园林与西方园林的相互影响

（1）西方园林对中国园林的影响

随着明末时期西方殖民地扩张加剧，传教士带着西方文化进入中国，扬州、上海、广州等地的清代园林中出现了许多西式景观和装饰艺术。例如，康熙年间始建的沪上名园"梓园"，沿街两层西式门楼上就装饰有罗马柱浮雕。然而，经历千年发展而成熟的东方审美理念没有受到异国风情的彻底影响，并没有改变中国古典园林的基本格局和园林风格。挑选西方园林特色的部分作为局部装饰或赏玩装饰品被纳入园中，且在园中所占的比例是极少的。如圆明园中纯粹模仿西式的建筑景观——西洋楼，仅占圆明园总面积的2%，其作为异国风情的景点被收纳园中。

（2）中国园林对西方园林的影响

经马可·波罗的宣传，很多欧洲人早已开始仰慕中国园林之美。中国园林对欧洲的真正影响，则是从17世纪以来，丝绸、瓷器、茶叶等中国特产开始大量进入欧洲，成为上流社会显示财富的奢侈品，中国式成为当时世界上最时尚的标志，各国王室也以能拥有中国式的园林而感到自豪。

1）对英国的影响

英国是最早受中国园林艺术影响的国家。著名学者钱伯斯曾来到中国广州，带着浓厚的兴趣体验了传说中的东方仙境，他先后出版了《中国园林的布局艺术》和《东方造园艺术泛论》等著作。由此，丘园的设计和建造委任了钱伯斯，他运用了一些中国园林的手法，辟湖叠山，构筑岩洞，还造了一座十层八角的中国砖塔和一座阁楼，这两栋建筑物是当时整个欧洲最接近中国式样的中国风建筑。虽然这种"中英式园林"只是模仿了中国古典园林的形式与特征，由于文化的差异，其仍然没有深刻理解中国古典园林之精髓，但对英国的风景式园林风格的形成产生了十分重要的影响，如图1-37所示。

2）对法国的影响

17世纪末到18世纪初，英国的风景式园林在欧洲盛行，英国的造园艺术传到法国。在遥远的中国，法国传教士王致诚参与绘制了《圆明园四十景图》。通过他对中国园林的介绍，使欧洲人更为详细、准确地了解到中国园林的艺术风格。雨果也曾给予圆明园很高的评价："请您用大理石、汉白玉、青铜和瓷器建造一个梦，用雪松做屋架，披上绸缎，缀满宝石……这儿盖神殿，那儿建后宫，放上神像、放上异兽，饰以琉璃，饰以黄金，施以脂粉……请诗人出身的建筑师建造一个一千零一夜的一千零一个梦，添上一座座花园，一方方水池，一眼眼喷泉……请您想象一个人类幻想中的仙境，其外貌似宫殿、似神庙。"在中国园林艺术的流行风气引导下，法国人开始在他们的花园建设中采用某些中国园林艺术手法。在凡尔赛宫主楼附近，出现了最早的仿中国式建筑——蓝白瓷宫，其效仿了南京的琉璃塔。1774年，在凡尔赛宫中国风格的小特里阿农花园建成。在此期间，法国各地的中国式花园相继出现，规模有大有小，但都出现了中国园林的布局风格。

　　3）对欧美其他国家的影响

　　受法国和英国仿效中国园林之风的影响，欧洲其他各国也都竞相模仿。德国卡塞尔附近的威廉阜花园，是德国最大的中国式花园之一；18世纪德国萨克森公国的统治者曾在易北河畔盖了一座皮尔尼茨宫，其中的"水宫"就是按中国建筑的风格建造的；在瑞典斯德哥尔摩郊区建造了德劳特宁尔摩中式园亭；波兰国王在华沙的拉赵克御园内建造了中国式桥和亭子；在意大利曾有人特邀英国造园家到罗马，将庄园内的景区改造成中国园林的自然式布局；在美国的许多城市都建有中国式园林，如图1-38和图1-39所示。

图1-37　英国丘园里的中国塔　　　　图1-38　法国Cassan的中国式凉亭　　　图1-39　慕尼黑英式公园里的中国木塔

2. 中国园林对亚洲邻国的影响

　　中国园林典雅精致、意境深远，以其独特的魅力影响着周边国家和地区，使日本、朝鲜、越南及东南亚地区的园林风格产生了一定的变化。他们学习中国园林的风格形式、造景手法，研究中国的造园思想，尤其是日本、朝鲜。

　　早在公元7世纪和8世纪，随着中国文化的传播，造园技艺也被全面地介绍到了日本。当时在日本的造园中，除了蓬岛神山及"净土世界"的创作思潮外，更有进一步模仿中国古制的作品出现。例如，在平安时代模仿唐长安而规划建造的平安京城及宫苑中，就有模仿周文王灵囿而创作的禁苑——神泉苑。公元6世纪，随着佛教传入日本，以及自中国唐、宋以来，文人的自然田园观念，特别是宋、明儒学的自然观，在中国造园艺术中的反映，直接或间接地影响着日本造园的发展，方有"石庭"、"枯山水"（亦称"唐山水"，即以白砂象征水的做法）之类的园林形式出现，为日本自成一派的极端写意园林景观奠定了重要基础。在园林植物配置方面，日本也受到了中国前期造园的陈列鉴赏奇物名品的集锦式的创作思想影响。不仅如此，日本园林还较多地从我国名胜风景园林植物中引种驯化、培养并使之成为其造园材料。另外，中国的文学思想和民间传说，亦常被日本所吸取并作为园林创作的题材。著名的诸侯御苑——东京的"后乐园"，便是朱舜水取自《孟子·梁惠王》中"贤者而后乐此"的意思而题名的。但是，日本造园在其发展过程中，在不断借鉴外国，特别是借鉴中国的同时，仍保持了其自身风格的独立与完整性，如图1-40所示。

图1-40　日本的"枯山水"园林

1.4　世界园林发展的未来趋势

1.4.1　园林发展的高科技化趋势

随着人类科技的发展，高科技给人们花园般的城市生活带来的美丽和便利有目共睹。智能化、便捷化、效率化型园林满足了在传统园林之上的现代社会新功能的需求。例如，2013年第九届中国（北京）国际园林博览会，可以说是园林界的世界盛会，其运用了智能灌溉技术、雨洪收集及水循环系统、种植的控根器技术、可再生能源利用技术、RFID（无线射频识别）技术等高科技技术。游客在一览国内外名园风采时，处处可见高科技的最新应用。

　　另外，高科技产生的水、声、光、电技术可以营造出以往传统手段难以企及的园林景观意境。为游人带来更为丰富的视觉、听觉、触觉等多种感官体验。例如，迪拜音乐喷泉是世界上最大的喷泉，它的总长度为 275 米，最高可以喷到 150 米，相当于一栋 50 层楼的高度。该喷泉会喷射 2.2 万加仑的水，其配有 6600 个灯光以及 50 个彩色投影机，使喷出的水柱有 1000 多种变化，可以说是名副其实的千变万化，能够震撼观者的心灵，如图 1-41 所示。

　　随着计算机技术、互联网技术的广泛应用，使得园林设计速度和设计质量发生了质的改变。新材料、新结构、新设备、新设施的发明和创造使得园林创意、设计、施工管理发生了重大变化，如图 1-42 所示。

图 1-41　迪拜音乐喷泉

图 1-42　运用光电技术的现代城市广场

1.4.2　园林发展的生态化趋势

　　人类已经存在大约 700 万年，但真正影响地球发生变化的时间仅仅是工业化产生后的二百余年。大气污染严重、众多物种濒临灭绝、温室效应、海平面上升、植物覆盖急剧减少、水源污染且水域面积缩小等一系列的问题使人类开始反省自己，良好的生态环境才是生存和发展的基础，可持续发展已成为当今时代的主题。随着生活方式的改变和生活品质的提升，推动人们价值观念的改变，城市居民的环境意识、生态意识日益增强，给城市园林建设也提出了更高的要求。生态的、绿色环保的、低碳低能耗的新型园林成为现在以及未来发展的必然趋势，如图 1-43 和图 1-44所示。

图 1-43　日本六本木新城的立体生态园林

图 1-44　宜居的城市小庭院

1.4.3　园林发展的人文化趋势

　　人文特色是园林艺术的灵魂。世界之所以出现了各式各样的精美园林，就是因为人文特色与自然的巧妙结合形成的综合表现力和感染力。反之，园林艺术之所以能被视为人类文化之瑰宝，是因为人文赋予了园林特殊的艺术气氛，独特的地方特色、风俗习惯，以及多彩的文化传统、道德、美学、教育、哲学、国学、历史等诸多因素，才使园林艺术大放异彩，为世界人民所青睐。

1.4.4　园林发展的个性化趋势

　　地球是人类共同的家园，世界的经济全球化带动了教育共享、信息共享、城市建设互助等全球化发展，园林艺术作为一种优秀的世界文化，正朝着世界园林的方向迈进。园林工程技术、园林施工管理方法、园林设计理论等也逐渐实现了全球同化和共享。在这种大趋势下，如果脱离了个性和创新性，面对快速发展的现代社会和人们的多层次需求，园林只能停留在人们对过去的追忆和缅怀中，这种人类文明和智慧的集大成者将会被掩埋于历史的风尘之中，故个性和创新性是园林焕发生机的动力和源泉，如图1-45所示。

图1-45　个性化的水中亭设计

本章重点与习题

　　1. 什么是园林设计?
　　2. 园林的功能是什么?
　　3. 中国园林与外国园林有什么区别?

拓展阅读

　　1. 童寯. 造园史纲 (M). 北京: 中国建筑工业出版社, 1983.
　　2.《中国建筑史》编写组. 中国建筑史 (M). 北京: 中国建筑工业出版社, 1982.

第2章

园林美学与
设计思考

2.1 园林美学概述

2.1.1 美学概述

人类对美的研究延续了几千年，而美学作为一门学科实际上只有两百多年的历史。美学是一门既古老又年轻的科学。美学是哲学的分支学科，其研究的内容包括三个基本方面：一是研究美的本质；二是研究审美对象，指事物呈现的样子；三是探究审美心理，指人在审美实践中面对审美对象，以审美态度感知对象，从而在审美体验中获得情感愉悦和精神快活的自由心情。

美学是从人对现实的审美关系出发，探讨美的本质和特征，何以为美，美在何处，美的意义等审美范畴的基本问题，即研究人的审美意识和美感经验，以及美的创造、发展及其规律的科学。它研究的对象不仅是艺术，如绘画、雕塑等带来的视觉美和精神感受美；人们能够沉浸在绘画作品的意境想象中体会画家表达的思想和境界美，还要研究和探讨社会生活中生产、生活、科技以及设计活动带来的功能美和生活美，如园林设计、室内设计、服装设计、产品设计等领域的发展与科技的发展相辅相成，带来的是人们的生活品质得到极大改善，这种舒适的生活体验的满足也是人的一种感受美。

西方的美学突出研究了形式美和人工美，以遵循严格形式逻辑的程序和规律为主旋律，而中国的美学则借助于朴素的辩证逻辑，偏重于将美丑与善恶结合起来研究人的道德美，甚至将道德的审美延伸至社会礼制、经济政治的方向。无论是东方还是西方，美学的问题历来都是哲学家、艺术家、作家、建筑师、造园家等人争论的焦点。

1. 西方的美学观点

作为西方美学史发祥地的古希腊，对数学、几何的研究达到了极高的水平，理性的和谐之美是古希腊美学思想的中心。在数量关系上，毕达哥拉斯学派认为美的东西应具备比例的和谐之美："美就是一定数量关系的体现，美就是和谐，凡是事物具备和谐这一特点就是美。"这是希腊美学思想的理论基础在对美的本质研究方面，柏拉图认为美的本质是"理念"，和谐的理念才显得美，是一种客观唯心主义思想；哲学家苏格拉底认为，同样的东西，当它适合目的，对人有用的时候是美的。其美学思想也强调对于人类社会的效用，而亚里士多德则认为，美与善既统一，又有所不同。通过对美与善的分析，他把美归结为"秩序、匀称与明确"。

中世纪与文艺复兴时期，伟大诗人但丁的美学思想充分显示出从中世纪美学向近代美学转折的特点。他在强调上帝是一切美的本源、艺术的象征的同时，也提倡"艺术取法自然"，并应表现个人主观感受与激情。18世纪法国的文艺理论家狄德罗则认为"美是随关系而开始、增长、变化、衰落、消灭的"，其透露出了理性的唯物主义审美观；18世纪末德国哲学家康德认为"快感的对象就是美，美感是单纯的快感"；以里普斯为代表的"移情说"从心理学的角度出发，认为人的美感是一种心理错觉，一种在客观事物中看到自我的错觉。其认为产生美感的根本原因在于"移情"；黑格尔认为，理念通过感性形象来显示自己，这就是美。最能通过感性形象来显现理念的是艺术，因此艺术最美。这种艺术至上的观点忽略了自然生活中的美，与现代社会认为"艺术来源于生活"的观点背道而驰；

而作家歌德认为"美就是自然本身"，其走入自然、欣赏自然、赞美自然的自然观美学思想，对后世有重要影响。

马克思主义美学是人类美学思想史上最先进、最深刻的美学理论。马克思在《1844 年经济学——哲学手稿》等著作中明确指出：劳动创造了美，并揭示了美与人的本质力量具有密切关系；在审美创造的基础上，马克思提出人类创造美的活动并不是任意的，而是有规律可循的，人类是按照美学的规律来创造美的事物。马克思主义美学关于美的规律的理论充分肯定了审美主体的主体性，又不忽视作为审美创造材料的客观事物的规律性，从而对于人类审美创造做出了深刻的理论概括。

2. 中国的美学观点

先秦是我国美学思想的发端时期。虽然当时没有形成真正的理论学科，但人们已从道德、审美的角度来分析"美"和鉴赏"美"，并达成"美"的社会共识。

老子的美学观点是中国美学史的起点。他以"道"为中心的哲学思想确立了"自然为美"和"天人合一"的美学观，即天地与我并生，万物与我为一。

春秋的楚灵王与大臣共赏章华台时，大臣伍举驳斥了奢侈浮华的尚美风气，谏言"夫美也者，上下、内外、大小、远近皆无害焉，故曰美。"其认为美不应局限于表象美和个人的感性享受的审美愉快中，应该具备社会的务实的群体意义。

儒家的美学思想渗透着仁德美的观点。孔子主张道德与审美的统一，即"尽善尽美"（美与善要实现完满的统一）、"里仁为美"（以"爱人"作为人与人之间关系的纽带，人和人之间的关系即可和谐融洽）。

战国时期，《易传》中"阴阳刚柔"即事物内两种对立因素的互相作用的思想确立了中国古典美学关于美的两大类型的统一观。孟子提出了"充实之谓美"的概念，他认为人的道德修养达到一定充实的境界，视为"精神美"；荀况认为"不全不粹不足以为美"，追求统一完美；而墨子是中国古代少数的实用美学思想家之一，他认为客观上存在着"美"之实，然后才有所谓的"美"之名，把"美"看做一种客观存在的东西。从审美客体的角度来把握美，这是一种朴素唯物主义的美学观点。

汉代的《礼记》中记载了当时社会重礼器风尚之下的审美观——礼乐之美，"少之为贵，多之为美"。而西汉论文集《淮南子》中却在此时期传达了一种客观的先进思想：认为人在生产劳动中创造了美。对于美和人的劳动创造二者之间关系的思想论述，在当时是相当可贵的。

自宋元时期起，山水画的发展促进了中国古典美学体系的深化。画家创造的审美意象，主张自然山水应具备意象之美："奇崛神秀"、"浑然相应"、"宛然自足"、"景外意"、"意外妙"，从而引发观画者的无限情思。

明清时期，出现了唯情主义、理想主义美学观。戏曲家汤显祖认为"诗乎，要皆以若有若无为美"。沿着继承和发展的脉络，中国古典美学在明末清初进入了自己的总结时期。"情生景，景生情"、"景以情合，情以景生"为当时时代共识的美之境界也。

3. 主要的美学观点类型

综上所述，各种美学观点和派别的产生是随着历史发展，并在不同的历史阶段所形成人的不同认识阶段而产生的，以下归纳为三种。

（1）客观主义观点。认为美是事物客观存在的，美的形式体现为均衡、对称、和谐等物质属性；美是客观的社会生活。柏拉图关于美是理念等客观存在的精神性及其感性显现的客观唯心主义思想，也具有一定的自然性和客观性。

（2）主观主义观点。认为美是主观臆断或内在心灵的产物，美是移情的结果等。

（3）主客观统一的观点。认为事物的性质形状为美提供了条件，但只有符合主观意识时才是美。马克思美学全面地论证了美的特征，认为美是自然的人化，人的本质力量的对象化和形象化，是人在社会实践中的产物，确证了人的思想、情感、智慧、才能及愿望。它是主体与客体、客观性与社会性、规律性与目的性、感性与理性的统一体，具有形象性、可塑性、丰富性、独特性、感染性、愉悦性等特征，并含有内容美与形式美两个要素，有自然美、社会美、艺术美等不同形态，它是审美的对象，美感的源泉，随着人类的审美实践和感知、创造美的能力的发展而发展。

2.1.2 设计与新美学观

古典美学家们将着眼点主要集中在对艺术美的争论和研究上，而美对人类而言，不仅仅只有艺术是给予人类美感的源泉，因为从人类社会发展的整个历史看，艺术并不能作为生存武器从一开始就伴随人类与自然环境斗争，反而是大脑在人类劳动经验中被开发出了改造、创造工具的智慧，才使人类凭借弓箭的创造迈出了与自然界抗争的第一步，这种具有设计性质的活动成功地带给了人类生存的满足感和安全感，可以说这是先于艺术美的更早期的美的呈现。所以，"美"是有历史阶段性的。美可以分为三个历史阶段：第一，从群居的社会生活起，人类就开始在原始设计中创造"原始美"；第二，剩余物质出现后，从人类进入阶级社会开始，劳动者在传统设计中创造"传统美"；第三，社会发展到工业革命时代，劳动者在现代设计创作活动中产生了"现代美"。在这三个历史阶段，人类的发展始终围绕生存、生产、生活的三大主题，由此新美学观认为，美所涵盖的应该是人类经历漫长的历史阶段，直到今天的整个奋斗历程中所显现出来的生存美、生产美、生活美。

1. 生存美

德国哲学家卡西尔在其著作《人论》中写道："美看来应当是最明明白白的人类现象之一。它没有沾染任何秘密和神秘的气息，它的品格和本性根本不需要任何复杂而难以捉摸的形而上学理论来解释。美就是人类经验的组成部分。"这些话揭示了人类认识美、审美观的发展以及审美能力的提高，是经历了漫长的历史实践才得以成熟的。那么，人类什么时候开启了认识"美"的大门呢？当第一块石块被砍砸的时候，人类的生存境遇就开始发生变化了。

根据美国心理学家亚伯拉罕·马斯洛提出的"基本需求层次理论"表明，生理需求是级别最低、最基本、最迫切的需求，如食物、水、空气、性欲、健康。未满足生理需求时人会什么都不想，只想让自己活下去，思考能力、道德观明显变得脆弱，所以最先应满足人的生理需求。"生存美"对于人类的含义就是凡是有利于人类自身生存、繁衍、发展的一切物质因素与精神因素都是美好的。所以，人最初的审美意识来自于以繁衍为目的的图腾崇拜美和种族壮大带来的征服美。

（1）繁衍之崇拜美

人类想要生存发展，其根基就是后代不断繁衍，种族得以延续。在繁衍过程中，整个部族的血缘关系如何联结？图腾崇拜起到了至关重要的作用。图腾一词来源于印第安语 totem，意思为"它的亲属"、"它的标记"。人们在徽旗、器皿、文身、服饰、祭坛上绘制图腾形象，或用舞蹈的肢体语言传达图腾的神圣力量，是因为生产力极其低下的原始社会，人们在严酷的自然环境里生存、繁衍，还不能独立的支配自然力，对自然界充满幻想和憧憬。他们对人本身生殖繁衍的缘由无从知晓，认为自生的繁衍是图腾神物作用的结果。将太阳、水、火、动植物等客观存在的自然形态，或主观联想的超自然力量与群体的生存发展形成紧密的联系，定义图腾形象为自己的祖先、亲属或保护神，人们笃信在诸神庇佑下，可以安定生活。例如，希伯来神话中，上帝用了七天创造世间万物，创造了男人和女人；中国的《诗经·商颂·玄鸟》中描述："天命玄鸟，降而生商。"商始祖契就是简狄野外行浴吞燕蛋后生下来的。由于"玄鸟生商"，商代人就把玄鸟作为图腾；在我国新疆哈萨克族奉白天鹅为伟大母亲的缩影、美的化身、美的源泉及纯洁和忠贞不渝爱情的象征，带有浓郁的"图腾崇拜"性质，如图2-1所示。

图2-1 左上图为哈萨克图腾——白天鹅；右上图为中国目前发现的最早的龙形图案，出自8000年前的兴隆洼文化查海遗址；左下图为雕刻玄鸟生商图；右下图为商朝玄鸟图腾图形

图腾之所以具有崇高的生存意义的美，是由于它总是与一定历史阶段中人类的社会实践产生联系，激发了人类巨大潜能的缘故。鄂伦春族对熊图腾的崇拜，也是希望通过图腾祭礼以寄托种族人丁兴旺、狩猎丰收的美好愿望。实际上，这种崇拜的实用功能是鼓舞人的生存意志，并尊重和肯定人本身改造自然的能力。可见，图腾崇拜促进了人类生命系统的生育、连接和延续，使种族拥有强大的群体凝聚力，满足了原始人类不同发展阶段的精神信仰，给予人类强大的精神力量，这是一种通过精神崇拜获得的生存毅力和力量。

由此，原始先民创造了大量的具有图腾纹饰的木桩、石柱、玉器、青铜器、陶器、雕塑、壁画等，以表达对祖先或神的敬仰和崇拜。如奥地利维也纳出土的威伦道夫维纳斯——"母神雕像"，是当时女性美的审美标准，显露出强烈的生殖崇拜性质。中国红山文化出土的玉猪龙、C形玉龙等器物是通过磨制加工而成的，其表面光滑、晶莹明亮、极具神韵，然而原始先民在创作之初尽力追求的却是它的实用功能，即精神图腾，并不是追求它的艺术享受功能，这一点是十分明确的。换句话说，虽然这些器物具有极高的艺术价值，但却被强大的实用功能所掩盖而处于次要的位置，如图2-2所示。

左图为奥地利维也纳出土的威伦道夫维纳斯，中图为中国红山文化出土的玉猪龙，右图为中国红山文化出土的C形玉龙

图2-2　原始先民的图腾崇拜

（2）壮大之征服美

随着生产力逐步提高，人们在日常生活实践中逐渐形成了独立意识，否定了自己同自然形态或保护神的亲属关系。自然界的残酷给了人类极大的挑战，危险、死亡、繁衍等各种斗争围绕着弱小而盲知的原始人类。要想生存，必须有足够的勇气去征服和改造客观世界，要想扭转被动的生存局面，人类必须爬到自然界食物链的最顶端。故人类的自身壮大和发展，是在不断地征服自己（疾病、饥饿、困惑、智力等）、征服自然（气候、灾难、动物侵袭等），甚至上升为更高级的征服族人分裂的内部战争以及征服外族部落的扩张战争。

艰难的环境促使人类不得不积累失败的经验，对工具进行有目的的改造或创造活动，一方面，征服美体现在武器的竞争上。人们用火把成功地驱赶了野兽，以获取猎物或搏斗的方式逐渐从近距离砍砸，中程投刺发展到可以远程射击，工具从砍砸器、石斧、木棒、长矛到弓箭的决定性变化，大大提高了有效进攻和防御能力。武器的威慑力和先进程度对后来的氏族间征战也起到了重要的作用，具有高效、强大的功能美，如图2-3所示。另一方面，征服美还体现在战胜的炫耀上。由于原始社会的战争是由氏族部落之间或部落联盟之间，为了争夺赖以生存的土地、河流、山林等天然财富使用权，甚至为了抢婚、血族复仇而发生冲突，进而演变成原始状态的战争。所以胜利的氏族部落发现了掠夺比生产更能迅速解决人口与资源的矛盾，进而有效地扩大了生存行为涉及的范围。胜利部落有的用漂亮的羽毛、兽皮和彩绘装饰、舞蹈庆祝胜利，有的悬挂战俘的头颅或用耳朵计数邀功，强迫失败氏族的妇幼为奴等，据记载玛雅人战胜后常举行活人祭。那么，这种快速的不劳而获的成果所带来的欲望满足感和炫耀的自豪感，使人在蒙昧状态下感受到了快感。

实际上，征服美始终伴随着人类发展的全过程，古罗马统治者们为炫耀自己的功绩兴建了巨大的凯旋门。尤其是弗拉维王朝的提图斯时代征服了耶路撒冷后，为纪念胜利驱使 8 万犹太俘虏修建了古罗马帝国的斗兽场。大批的角斗士被驱赶进角斗场并相互残杀或与野兽肉搏，嗜血的罗马人则在角斗士的流血牺牲中获得着一种野蛮的快感。

图 2-3　左图为原始部落的弓箭手们；右图为原始弓箭，这是带有矛的特征的原始形态

2. 生产美

对"生产美"的认知，应体现在艺术与技术的关系内涵上。高科技的生产是艺术，高质量的生活也是艺术，技术化本身就是生产美产生的条件。因此，以功能美为首的兼具结构美、造型美、材质美、加工美是生产美的主要特点。

纯粹的艺术美在蛮荒时代是不存在的，早期人类是以凸显劳动生产和产品的技术化、生活化为审美共识的。在原始社会生产力极低的情况下，技术与艺术对部落而言，掌握技术化成果在自然界中是关乎种族生死存亡的关键。精准的武器为群体安全提供保障，实用的产品给繁衍、生活提供了物质基础，否则将会面临流血、死亡的危险境地。所以，最重要的是有利于满足当时的生产、生活需要的才是美的。在这种极其艰难的生存环境中，对结构美、造型美、材质美、加工美的追求是占次要地位的。但长期的劳动实践和经验使他们明白，高技术的美观的产品功用率更高，拙劣的丑陋的产品必将会被淘汰。例如，在仰韶文化中出土的陶器展示了古人对功能设计的聪慧，有一种最初人们在河中取水的尖底瓶，这种器型尖底易沉入水中，在河水中取水方便且口小，提上来时和搬运过程中水不会再洒出来，比平底敞口的容器更高效。但是这种尖底瓶平时放置或加热时容易倾倒，如果用三只尖底瓶组合加温能比较安全。人们受到这个启示后创造出三足的鬲和鼎。它们不仅外貌完整，造型也随功能与需求的变化发生了明显的变化，纹样装饰从简单向复杂精美的方向发展，并且在使用时安全稳妥。尤其鬲的三个空足使其受热面增大，取热效果好。陶器的发展较为完整地体现了"生产美"的全部内容，如图 2-4 所示。

当氏族血缘的管理模式被更大规模的国家取代时，人口和规模的扩大需要迅速发展生产（传统的种植业、畜牧业、手工业等），并开辟更为丰富的食物来源，就会引起各种生活用具和生产工具的更新和创造，技术和成果越实用，越有利于满足实际需要，而生产劳动工具和产品在结构、造型、材质、加工等方面的改造和创新越精细与深化，其使用功能和效率随之就会越发强大，这样的相互作用能使艺术美慢慢显现。例如，河北省满城汉墓出土的西汉长信宫灯（青铜器），宫灯的灯体通体鎏金、双手执灯跽坐的宫女，其神态恬静优雅。此灯一改以往青铜器皿的神秘厚重感，整个造型及装饰风格都显得舒展自如、轻巧华丽，具有极高的审美价值，堪称"中华第一灯"。但它的精妙之处不仅是造型和材质的精美，最重要的是宫灯设计得十分巧妙。该灯体内部中空，整体由头部、身躯、右臂、灯座、灯盘和灯罩六部分组成，各部均可拆卸；宫女着广袖内衣和长袍，左手持灯座，右臂高举与灯顶部相通，形成烟道。该灯罩由两片弧形板合拢而成并可活动，以调节光照度和方向。此灯设计之精巧，制作工艺水平之高，在汉代宫灯中首屈一指，是一件既实用、又美观的灯具珍品，如图 2-5 所示。

左上图为仰韶文化半坡型双耳小口尖底瓶，中上图为辛店文化单耳夹砂陶鬲，右上图为商代中期兽面纹四足鬲，左下图为商周时期的伯矩鬲，中下图为西周中期的象纹鬲，右下图为商周时期的司母戊大方鼎

图 2-4　原始陶器器形和装饰的发展与演变

图 2-5　西汉长信宫灯，它是中国汉代青铜器，1968 年出土于河北省满城县中山靖王刘胜之妻窦绾墓

3. 生活美

生活中为生存发展而进行的各种活动，是人类日常活动和经历的总和。衣、食、住、行、用五大方面囊括了生活的基本内容。人们的活动都离不开衣、食、住、行、用，如居家、购物、用餐、出行等，而人们在衣、食、住、行、用的体验过程中，感知人际交往带来的愉悦、感动等情感美，信仰带来的精神充实美，居住带来的安全感和精神释放之满足美等，汇聚为生活美。由此能够创造出美的生活的活动也是一种艺术，与狭隘的以艺术美为研究对象，脱离生活具体问题的审美观相比，研究让人们感受生活物质美和精神美的美学观点，才是一种更博大的人类审美观。

另一方面，生存美和生产美源于人的生理需求，而生活美则是人心理上的需要。这些需求是通过人的感官来认知的，包括用眼、耳、鼻、舌、身等来感受外界事物的刺激，在此基础上出现记忆、想象、思维等综合感受。有人说生活是不断需求的过程，也是不断创造的过程，而非简单享乐的过程。从原始社会到现代社会，人类对生活品质的物质功能需求和精神功能追求从来没有停止过，人们对生活的现状不满并提出了更高的要求，其自身潜在的审美情趣被激发出来，开始需求具有更高的艺术审美价值的产品，这种被掩盖的艺术审美需求在生产力发展下从原始的功能至上的审美中逐渐显现出来。英国心理学家赫伯特·里德认为："装饰的必要性是心理需求的结果。"那么，在原始社会极低的生产力水平下，人们的艺术装饰审美主要是运用原始的人体装饰、器具装饰、建筑装饰等，以满足自身的审美需求、吸引异性需求，传达图腾或宗教信仰需求等。

（1）人体装饰

原始社会先民对自身装饰的审美，有的文身、割痕，以及安置耳、鼻、唇饰或拔牙等，有的在人体上佩带各种带饰、条环等，甚至在身体上绘制图腾形象。例如，非洲东部的埃塞俄比亚联邦民主共和国穆尔西族部落的女子总是佩戴唇盘，阿尔伯莱族部落的特色身体彩绘等；又如宝鸡北首岭仰韶文化遗址出土的一件施红彩的彩塑人头像，以及辽宁牛河梁红山文化"女神庙"遗址出土的一件施红彩的彩塑人头像等，这些都证明史前人类有着涂朱或绘面的风俗和原始崇拜，如图2-6所示。

图2-6　左图为埃塞俄比亚一个阿尔伯莱族部落的男子身体彩绘，中图为辽宁牛河梁红山文化"女神庙"
遗址出土的一件施红彩的彩塑人头像，右图为穆尔西族部落的女子佩戴唇盘

（2）器具装饰

利用刻画、堆贴、指印、雕塑、彩绘等方法生产生活器具、饰物等进行装饰。仰韶文化中原始先民们在自己身边天天使用的陶水器、食器上创造了大量色彩缤纷的装饰艺术，那些变幻无穷的花纹图案从生活中来，常见的有抽象的水波纹、旋转纹、圈纹、锯齿纹、网纹等十几种，如旋转纹来自蛇的盘曲形态，还有抽象的人、动物或昆虫一类的形象等。又如良渚文化中，典型的鸟纹与神人兽面纹相结合的图腾形象，体现了祖先崇拜的神权宗教观念，如图2-7和图2-8所示。

图2-7　仰韶文化马场型彩陶灌上的旋转纹饰　　　　图2-8　良渚文化出土的鸟纹与神人兽面纹

（3）建筑装饰

原始社会早期的建筑上开始出现了简单的装饰，如半坡遗址中的房屋有锥刺纹样，姜寨和北首岭遗址中的房墙上，有连续的几何形泥塑，还有刻画的平行线和圆点图案等。后来出现了彩绘图案和泥塑，彩绘图案以黑、红、白色交错绘成，图案为三角形几何纹和勾连纹；泥塑有戳印的圆点、堆塑的乳钉和条带等。新石器晚期出现的白灰墙面上刻画的几何形图案是用红颜色画的墙裙。例如，非洲国家布基纳法索的古龙西人部落仍然继承着原始祖先们的居住方式，建筑所用的材料是一种当地特产的"混凝土"，由晒干的黏土、土壤、稻草和牛粪兑水后用双脚踩踏搅拌而成。这种材料在硬化后强度很高，可形成一种类似陶瓷的表面质感，具有防风防雨、御寒隔热等效果。该材料在当地的土著部落已应用很久。建筑物上的格子图案和绘画具有典型的非洲符号特征，一些壁画讲述的是当地人的日常生活，一些图腾则象征着房子主人的宗教信仰，如图2-9和图2-10所示。

图2-9　非洲西部沃尔特河上游的内陆国家布基纳法索的古龙西人部落的原始部落住宅

图 2-10　古龙西人部落的原始部落住宅，其黏土墙体上饰有几何纹饰彩绘，抽象且富有节奏，具有粗放的装饰艺术效果

　　总而言之，先民们当时对美的心理需求本能地体现在从客观世界丰富的色彩、形状的感受中获得愉悦感，当感官感受色彩、形状、光线、材质的同时，人的"情感"和"理解"就渗透到了感觉中，这就是人区别于动物所特有的生理信息能转化为心理信息的审美需求。进而原始人类的装饰艺术逐渐向传统的装饰艺术发展，到了现代社会，我们对生活中存在的形式、色彩、质感等的追求始终在继续。

2.1.3　园林美学

　　园林美学是美学的一个学科分支。中国古典美学思想是中国园林艺术的重要源泉。中国古典美学的意境说，在园林艺术、园林美学中得到了独特的体现。园林美学的中心内容是园林意境的创造和欣赏。在一定意义上说，"意境"的内涵，在园林艺术中的显现比在其他艺术门类中的显现要更为清晰，从而也更容易把握。

1. 文学艺术与园林艺术

　　中国古典园林是一门综合艺术，其园林美学思想在艺术家、文学家和诗人的作品中也都有所体现。早在东晋陶渊明所做的《桃花源记》中就描述了渔人进入桃花源胜境的奇妙空间和离奇情节，恰恰与中国古典园林的一些造园思想有着共通之处。"晋太元中，武陵人捕鱼为业。缘溪行，忘路之远近。忽逢桃花林，夹岸数百步，中无杂树，芳草鲜美，落英缤纷，渔人甚异之。复前行，欲穷其林。林尽水源，便得一山，山有小口，仿佛若有光。便舍船，从口入。初极狭，才通人。复行数十步，豁然开朗。土地平旷，屋舍俨然，有良田美池桑竹之属。阡陌交通，鸡犬相闻。其中往来种作，男女衣着，悉如外人。"

　　我们可以想象，在诗人笔下呈现"忽逢桃花林，夹岸数百步，中无杂树，芳草鲜美，落英缤纷。"这溪行两岸的桃花林美景，给了游览者初步的视觉吸引，并进行神秘的景观气氛营造和空间铺垫，运用夹景的造景手法使开阔空间的视点更加聚焦于景观视觉中心方向（洞口）；而后至山前"林尽水源，便得一山，山有小口，仿佛若有光。"那么，让人对山中小口和光以外的世界，产生了递进式的景观遐想，形成了进一步的园林空间诱导。通过"初极狭，才通人"的压抑空间的手法，进而"复行数十步，豁然开朗。"因此由黑暗、紧缩到突然膨胀、放大的空间体量变化，使游览者浓厚的探奇欲望被充分地激发并得到释放和满足。游览者猛然看到了别有洞天的纯净世界，便是"土地平旷，屋舍俨然，有良田美池桑竹之属。"好一个世外桃源！

　　渔人逢桃花源的奇幻之旅，古人用文学诗句创造了乐章式的起伏变化、大小变化的园林空间组合，非常好地诠释了"欲扬先抑，曲径通幽"的古代园林美学思想。与桃花源相仿的园林景致，河北省秦皇岛长城"三道关"旁就有一处胜境，名为"悬阳洞"。此洞建于明万历年间，洞外地势平坦，洞前绿树蔽日。初入洞口，空间硕大。据悬志记载："洞顶有穴，日光悬照，然后山上迹之，终莫得其穿漏之处。"穿穴又有一洞，上刻"胜境"二字，洞内滴水有声。山间层门复穴，峡窍盘错，出洞口，别有洞天，青山浮翠，奇峰突兀，怪石峥嵘。石河流经山下，由此入海，如图2-11所示。此外，中国四大名园之一的拙政园入口的假山也是模仿《桃花源记》中渔人进入桃花源的情节设计的。

左上图为进山前的平坦地带；左下图为初入悬阳洞内的开敞空间；
右上图为向上倾斜的深洞，洞愈狭窄光线愈暗，向上攀登至有光小出口；右下图为出洞后呈现眼前的仙境
图2-11 天然石洞与人文结合的秦皇岛山海关区保留的明代奇洞——长寿山悬阳洞的入口至出口景观

针对中国古代审美观和园林艺术的造诣和研究，在明清时期表现得更为显著。明代造园家计成，于崇祯七年写成了中国最早、最系统的造园著作——《园冶》，这也是世界造园学中最早的名著。为后世的园林建造提供了理论框架以及可供模仿的范本。书中将"幽"、"雅"、"闲"的意境营造为一种"天然之趣"，以建筑、山水、花木为要素，取诗的意境为治园之依据，取山水画境为造园之蓝图，经过艺术加工，以达到"虽由人作，宛自天开"，"巧于因借，精在体宜"的天人合一的园林境界。例如，计成在书内的兴造论中提出了借景的"巧"应在于"泉流石注，互相借资"、"俗则屏之，嘉则收之"的观点。另外，明代文学家、艺术家文震亨的《长物志》，将山水绘画理论运用于园林设计之中，对景观元素的设计布局以及湖石的运用，均有独到见解，其是古代居宅陈设的第一雅文化体验。再有，明末清初又一部较为重要的著作就是李渔的《闲情偶寄》，全书八部分中的居室部、种植部、玩物部对园林景观布局、居室装修、家具陈设等做了精辟论述。在总结自己生活所见所闻的同时，也透露了明清时代文人的审美观和对园林设计的美学见解。在居室部指出了叠山理石的审美原则，即"言山石之美者，俱在透、漏、瘦三字。此通于彼，彼通于此，若有道路可行，所谓透也。石上有眼，四面玲珑，所谓漏也。孤志无倚，所谓瘦也。然透、瘦二字在宜然，漏则不应太甚。"

而文学巨著《红楼梦》，虽然门类繁杂，涉及内容十分丰富，但对宁国府、荣国府、大观园等处的园林景观描写，一方面体现出曹雪芹在小说结构设计上的深层用意，另一方面蕴含着作者对园

林和建筑的深厚艺术造诣。把作者对美的追求和探索，充分融汇在艺术作品之中，对其一草一木的描写遵循了中国传统园林艺术的审美和规范，既清灵又美幻，令人陶然于醇美之中。例如，该书第十七回中众人随贾政参观大观园，给各个景点取名，众人所见美景之描写："转过山坡，穿花度柳，抚石依泉，过了荼蘼架，再入木香棚，越牡丹亭，度芍药圃，入蔷薇院，盘旋曲折。忽闻水声潺潺，泻出石洞，上则萝薜倒垂，下则落花浮荡。"如图 2-12 所示。由此可见，大观园的这段描写具有极强的园林艺术特征。除此之外，文学家张岱的《陶庵梦忆》、沈复的《浮生六记》、诗人袁枚的《小仓山房文集》和书画、文学家郑板桥的《题画》里都有关于对园林美学的见地阐述。

图 2-12　根据《红楼梦》创作的绘画作品呈现出大观园的场景

2. 中国古典园林之美

以江南私家园林和北方皇家园林为代表的中国山水园林，创造了恬静、幽深、清雅、富丽的东方园林风格，游园、赏园过程能够使人们在休闲放松、传达思想文化、品味审美情趣等多方面的需求得到满足。园林美是造园师通过对自然、生活、艺术的审美意识（思想感情、审美情趣、审美理想），将自然景观与人文景观有机统一的一种显现。所以中国古典园林在美学中的特点表现如下。

首先，园林艺术具备综合性的特点。园林重视艺术"意境"的创造，使"意境"的内涵在园林艺术中的显现比在其他艺术门类中更清晰。园林融合造景、建筑、雕刻、文学、书法、绘画等多种艺术门类，这些艺术都是以园林为中心，为表达统一的"意境"主题而发挥作用的。同时园林艺术又是一种时空的综合艺术，坐在园林中感受树静风动、物静人动、石静影移、水静鱼游的动静之曼妙，仅以单一的景观难以达到如此境地，如图 2-13 所示。

其次，园林艺术具备变化性和多面性的特点。中国园林美学不仅重点强调造景手法的巧妙和景致美感的丰富，而且重视人在虚实相结合的情境中获得丰富的感官美感。通过山水、泉石、树木、花卉、建筑和构筑物等物质要素组成多变丰富的实景，借助声、光、影、香、气象等环境要素形成出其不意的虚景，运用点线面、色彩、体量、姿态、质感、肌理等形成变化元素，综合作用于人的多种感官，如视觉、嗅觉、听觉、触觉等并引发人的审美想象，故这种变化性会给人以新奇感和身心美感。另外，在不同艺术门类的相互作用下，在不同的时间、气候和季节等环境因素的影响下，都可以呈现不同的艺术意境。在人的理解能力、审美情趣、所处境遇和欣赏角度不同的情况下，人对"意境"的感悟会有所不同，即移步异景、妙趣横生。

图 2-13　中国古典园林中人工手法与自然景致的有机统一

除此之外，园林艺术具备三境（园境、诗境、画境）合一的特点。园境、诗境、画境在美学上的共同追求为境生于象外。园林艺术作品被誉为"无声的乐章、无字的诗歌、立体的画卷。"那么，象外之境就是艺术意境。通过"象"这一直接呈现在欣赏者面前的外部形象去传达"境"之旨，从而充分调动欣赏者的想象力，以有限而蕴无限、由虚悟实，从而形成一个意中之境、飞动之趣的艺术空间，如图 2-14 和图 2-15 所示。

图 2-14　狮子林园之探幽，宛若山石小画　　　　图 2-15　网师园内冬的宁静

（1）园林艺术的自然美

欣赏并拥有自然美景是人类从未放弃的追求。故园林美的特征中自然美特性是不可或缺的。但是这种自然美有两个方面：一种是运用人工手段直接加工、改造或再塑造的美景，其在"虽由人作，宛自天开"的指导下要保持自然的特征，使人从中能感受到自然美的气息。例如，中国传统山水园、日本山水庭院、英国风景园林等。另一种是大自然鬼斧神工的美景，但这种大自然美景符合人的审

美情趣和想象，令人叹其巧夺天工，成就园林风景之精妙。例如，中国的风景名胜、日本的自然公园、美国的国家公园等。中国古典园林之美融合了上述自然美的两种情况，《园冶》一书中诸如："虽由人作，宛自天开"、"自成天然之趣，不烦人事之工"、"似得天然之趣"、"境仿瀛壶，天然图画。"等真实地反映了古人的自然审美观，因为自然山水最富于变化，能充分展现自然美的意境。

（1）自然姿态美。自然条件下的山石树木、流泉飞瀑，具有奇巧的天然美气质。这种奇巧的气质来自物质或生命在大自然环境中的顽强与磨炼。人们从大自然里发现了这些在生存中绽放出来的美。故在创造优美的园林环境时，就巧妙地利用自然之物的特征和姿态，给人不同的感受，从而产生比拟、联想，使园景生趣。例如，古代造园家和文人对天然石头的情有独钟，也是一种对自然美的赏悦。苏东坡、米芾都是酷爱奇石之文士。太湖石形状各异，姿态万千，呈"皱、漏、瘦、透"之美，得天地之灵气，纹理有如山水之梦境；石钟乳细孔累累，组成山水盆景后显得高雅清秀。除此之外，杨柳、连理枝、虬松、藤萝等植物的姿态奇观，能令人回味无穷，如图 2-16 至图 2-19 所示。

图 2-16　网师园中的山石造型各异

图 2-17　留园中的大理石天然画——雨过天晴之美

图 2-18　留园中古藤盘绕的小庭院

图 2-19　中山詹园中钟乳石与铁树交相辉映

（2）视觉色彩美。园林里的苍松翠柏、鲜花碧草、白墙青瓦、雕梁画栋、鱼虫飞鸟、幽灯清幔，均令人不觉驻足欣赏。银杏、翠竹、古柏、杜鹃、山茶、玉兰、曼陀罗花等绚丽花卉和多色植被都会给园林增色不少，其氛围营造得或深沉、或娇媚、或傲骨、或温婉……当看到这些大自然绚丽的色彩被收纳在园中的有限空间里，却能妆点出斑斓的无限天地时，人们不免会赞叹古人的智慧和创想。《扬州画舫录》中李斗曾在描写槭槲（秋色叶树种）四季叶色变化时写到，"半山槲叶当窗槛间，碎影动摇，斜晖静照，野色连山，古木色变；春初时青，未几白，

白者苍，绿者碧，碧者黄，黄者赤，赤变紫，皆异艳奇彩，不可殚记。"如图2-20至图2-23
所示。

（3）嗅觉芳香美。美妙的香味能够创造怡人舒适的园林环境，帮助减轻压力，舒畅身心，这
更是一种生活的乐趣和精神上的享受。园林中的含香花卉、芳香植物，能产生各异的芳香气味来。
例如兰花之清幽、茉莉花之淡雅、桂花之浓郁，各种花卉香气四溢。中国四大名园之一的拙政园
内，有一处著名的因香得名的景致——远香堂。它面水而筑，池水旷明清澈。荷池宽阔，红裳翠
盖，清香宜人。堂名取周敦颐《爱莲说》中"香远溢清"的名句。除了花卉，被修剪过的青草绿
灌本身也散发着大自然的清香，松柏、樟树等树木会散发油脂或叶子的香气，甚至有些园林建筑
或家具上使用的楠木、檀木、鸡翅木等珍贵木材也会散发微弱清幽的香气，如图2-24和图2-25
所示。

图 2-21　拙政园中百花齐放

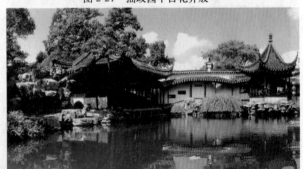

图 2-22　网师园中夏季植物浓绿满园、天蓝水清

图 2-20　网师园中春季花儿粉嫩清新

图 2-23　园林秋色

图 2-24　拙政园荷风四面亭，荷花盛开清香醉人

图 2-25　拙政园远香堂

（4）听觉音响美。古典园林之美不只体现在实景构成的视觉欣赏和嗅觉体验上。朴素的浪漫气质和感性思维，使得古人能感受到园林环境中的动态和静态之声响美，既能浪漫到在游园行进中追寻悦耳的旋律：如鸟儿虫儿的欢悦歌唱、划船的水波荡漾、泉瀑的叮咚作响等，都能悠然自得地欣赏。在静坐时可听到微弱的节奏，如枯叶纷纷飘落湖中的声音，风儿微抚荷叶的声音，夜雨轻敲树叶的声音，都能令人为之动容。有如苏州耦园的城曲草堂中的一副对联——卧石听涛，满衫松色；开门看雨，一片蕉声。 躺在石上，倾听泉水声响，全身都染上苍翠之色；打开门来欣赏雨景，只听见一片滴滴答答雨打芭蕉荷叶之声，真可谓诗意人生！如图 2-26 所示。

（5）触觉感受美。暂时脱离喧嚣的环境，人们在自然生态良好的园林中更渴望能亲近自然、接触自然。脚踩落叶，清风拂面，柳枝垂摇，清泉滴落以及树皮龟裂都能带来触觉的体验之美。触碰一下害羞的含羞草，叶片突然收缩的样子，不能不让人心生爱怜；轻取荷叶上的露水，蝶儿落在衣衫，杨柳轻抚脸颊，抚摸精美的雕刻纹饰，脚踏花街铺地小路（园林铺地种类之一，以镶嵌砖、瓦、石片、卵石、瓷缸片等材料铺成各种图案花纹的地面做法）……不言而喻，美由感而生，如图 2-27 和图 2-28 所示。

图 2-26　网师园内隔窗听雨　　　　　　　　图 2-27　狮子林园内花街铺地

图 2-28　古典园林的自然景致与人工雕刻

（2）园林艺术的生活美

（1）社会文化美。这是园林艺术的内涵美，园林景观被寓以社会的道德标准和高尚情操，人们在社会文化气息浓郁的园林中得到感染，触景生情，感悟造园家和园主的道德情操和理想信念，实现人格的自我完善。拙政园湖中的扇面亭——与谁同坐轩，其窗洞两旁悬挂的诗句联——江山如有待，花柳自无私，出自唐杜甫《后游》。好景正等待人们再度赏临，花柳正无私地展现其色彩和风姿，此联语意在唤起人们热爱大自然的情趣，召唤人们去尽情地捕捉自然美、欣赏自然美，并从中获得美的享受和陶冶，充分体现了亭主人的豁达和真诚。另外，一些传世的经典园林用"抱冰"、"寄傲"、"养真"、"求志"来标榜人格作为匾额，而皇家园林更甚以"澡身浴德"、"澹泊敬诚"的警句作为景点，来体现中国传统的人文观和审美观。古典园林是外在形式与精神内涵的统一。

（2）生活体验美。古典园林曾经是古人体验自然情趣、体味人文情怀的专属园林，但在当代社会其却是祖先留给我们的珍贵遗产。其既是一个艺术空间，又是一个现代人共享的现实空间。人们可以在其中阅读、抚琴、吟诗、静思、回忆……也可散步、畅谈、净化心灵，是集观赏、学习、游乐、休闲等多功能于一体的、具有浓郁生活气息的、良好怡人的园林环境，如图 2-29 所示。

图 2-29　现代园林活动景观

（3）园林艺术美

园林美源于自然，又高于自然，是形式美与意境美的完美结合。计成在《园冶》中阐述优美的园林应"轩楹高爽，窗户虚邻，纳千顷之汪洋，收四时之烂缦"，其高度概括了园林艺术的特点和美的标准。

（1）山水地形美。古典园林采用自由式布局，利用天然的地形走势，随自然起伏转折，并辅助人工的地形改造、引水造景及叠山理石等手法，构架园林的骨骼和框架，为园林的植物种植、建筑布置及景观视点的设计提供创意条件。使山、丘、坡、谷、崖、涧、峰等地形在有限的庭院空间中巧妙地呈现出丰富的自然景观地貌，并倚靠地势引水源于山上，形成泉、溪、瀑、河、湖、渠等多种形态组合的山水景观。其或蜿蜒、或陡峭、或平坦、或幽深，使人能体验攀登之愉悦，踏水之乐趣，讲究的是"不出堂庭而坐穷泉壑之美"，如图 2-30 至图 2-33 所示。

图 2-30　狮子林园的山石构造

图 2-31　狮子林园的山石构造

图 2-32　北京恭王府花园地形

图 2-33　苏州拙政园局部地形

（2）借用天象美。借景于日月、朝夕、风云、雨雪等自然元素，是通过光影变化、时间变化、季节变化、气候变化等元素来丰富园林景观的一种造景手法。北宋诗人欧阳修在《醉翁亭记》中描述了园林艺术借天象赏景的审美情趣，"若夫日出而林霏开，云归而岩穴暝，晦明变化者，山间之朝暮也。野芳发而幽香，佳木秀而繁阴，风霜高洁，水落而石出者，山间之四时也。朝而往，暮而归，四时之景不同，而乐亦无穷也。"《苏州六纪》中当代摄影家陈建行写道："要拍好苏州园林，就要观察它一年四季的季节变化。除此之外，还要特别关注一年及一天当中的光线变化。"迁安古代"八景"中的云寺晓钟、东岭晴岚、黄台夕照等，都是古人运用自然季相与人工景观巧妙结合的著名景观，如图2-34至图2-37所示。

图2-34 晚晴倒映，夕阳迷醉

图2-35 雨打荷叶，娇美动人

图2-36 避暑山庄，银装素裹

图2-37 网师园内，月色撩人

（3）再现生境美。效仿自然，创造人工景观与自然景观有机结合的、良好的生态环境和清爽宜人的小气候环境。正如中国古典造园家计成所言："假自然之景，创山水真趣，得园林意境。"营造出空灵的空间效果。留园内"小蓬莱"坐落在水中，四面景色就像展开的画轴。其西北两侧山峦起伏，再造了太湖流域，山水缥缈的自然风；而东南两侧相互错落的楼、馆、轩、廊等建筑群，则组成了与西北山林相对比的画意，体现出"君到姑苏见，人家尽枕河，古宫闲地少，水港小桥多"的水上都市特色，如图2-38所示。

（4）造型艺术美。园林中常运用艺术造型来表达某种精神、礼仪、标志、象征和纪念意义，如雕塑（图腾、华表柱等）、雕刻（建筑装饰纹饰、构件等），以及标牌、喷泉及各种植物造型等。北京皇城的四座华表，用蹲兽能守望君主之传说，来表达人民期盼富国民强的朴素愿望和对统治者奢靡生活的不满情绪，如图 2-39 和图 2-40 所示。而留园中部的"古木交柯"一景，则表现出疏朗淡雅并寄托了美好寓意。仅二树、一台、一匾，就可形成一幅耐人寻味的中国写意山水画面，花坛里种植一棵明代的古柏和一棵山茶树，两树枝干交错缠绕，花与叶相互映衬，象征着夫妻连理、百年好合，如图 2-41 所示。

图 2-38　留园的小蓬莱

图 2-39　北京皇城四座华表之一上的蹲兽

图 2-40　中国古典建筑构件的装饰纹饰

图 2-41　留园中的古木交柯景观

（5）建筑艺术美。关于园林的建筑艺术美，分以下几个方面介绍。

① 建筑造型美。园林建筑是园林中供人们游憩或赏景用的构筑物，是园林艺术营造意境之美必不可少的构成要素。亭台楼阁与地形山水、植物花草一起呈现出如诗如画的人间美景。

园林建筑本身的主料为木材，其特性温和轻巧、柔韧可塑，其榫卯组合的框架结构能将沉重的瓦顶轻松托起，使建筑承载不需要倚仗厚重的承重墙体，而创造出相比古希腊建筑更大尺度的开阔的室内空间，带来了空灵、通透的视觉效果。同时屋顶曲线自然流畅，出檐深远，屋角向上翘起，舒展如鸟翼，置于园林中尽显清秀，宛如"犹抱琵琶半遮面"之唯美。所以园林建筑在整体造型上具备了轻盈、玲珑、舒展、秀气的艺术特点和轻松的气质。

园林建筑的种类丰富且组合多变，殿、堂、楼、馆、亭、榭、台、阁、轩、斋、塔、舫等相互联系，高低错落，布局于山水、庭院间，诸如双亭、四面厅、花篮厅、十七孔桥、石舫、民居式楼房、爬山廊等造型各异，妙趣横生，如图2-42和图2-43所示。苏州拙政园内的见山楼，三面环水，两侧傍山，重檐卷棚，歇山顶，粉墙黛瓦，色彩淡雅。沿廊可入底层"藕香榭"，近水外廊设吴王靠（又名"美人靠"，一种下设条凳，上连靠栏的木制建筑），小憩时凭靠可近观游鱼，中赏荷花，远望园内诸景。上层通爬山廊或假山石阶可进见山楼，此楼高敞，可将中园美景尽收眼底，如图2-44和图2-45所示。

图 2-42   拙政园中的香洲

图 2-43   拙政园中的天泉亭

图 2-44   拙政园中的见山楼

图 2-45   拙政园中的藕香榭

　　然而，园林艺术讲求"天人合一"的审美观，其建筑的审美价值也不仅仅局限于上述的视觉造型之美，更在于建筑起到了扩展园林空间、呈现最佳的景观视点、构成意境的作用。使游览者突破有限，通向无限，因而使人对整个宇宙、历史、人生产生一种富有哲理性的感受和领悟。故才有拙政园的香榭如水上飞燕、廊桥似飞虹于湖面，有坐轩如仙人摇扇，有厅堂似鸳鸯两相随，有圆亭如山间斗笠……建筑带来的空间变化和节奏变化，奏响了一曲起伏强烈的乐章。

　　② 建筑构架美。木构架作为中国古典园林建筑最典型的特征，从原始社会起就一脉相承，以木构架为其主要结构方式，并创造与这种结构相适应的各种平面和外观，形成了一种独特的装饰风格。

　　建筑的构架之美主要体现为兼具坚固性、抗震性、弹性强的结构功能美和古人非凡的智慧美。首先，保持了构架式原则。屋身部分是以木材做立柱和横梁，形成木梁架。用枋、檩等的横木牵搭，形成主要构架，以承托屋顶和结构自身的重量，屋顶重量不经隔墙，直接传导给梁、柱至台基，门窗的位置和大小都可以自由处理，大大增加了空间分割的灵活性；其次，运用"收分"和"侧脚"稳固结构。为了使结构更加完善，古代匠人们将柱子的柱身上下断面直径向内收敛，且柱脚断面直径大，柱顶断面直径小，而墙也是墙底宽，墙顶窄，称为收分。所有柱子向建筑中心倾斜角度，称为"侧脚"。建筑底部大、上部小，使建筑整体感觉更加稳固，如图 2-46 和图 2-47 所示。再次，发明了用以分散重量的关键性部件——"斗拱"，减少了梁折断的可能性。另外，建筑具体的各个构件之间采用"榫卯"连接。木构榫卯由榫头和卯孔组成，可以承受一定的荷载，具有很好的弹性和较好的抵消水平推力的作用，其表现出较强的半刚性连接特性，且允许产生一定的变形，可以吸收部分地震的能量，减少结构受地震的响应。古人"墙倒屋不塌"的说法就表明了这种木框架结构功能的优越性，也集中体现了古代匠师为了解决材料性能限制所表现出来的创造力和智慧美，如图 2-48 所示。

图 2-46　天津独乐寺山门的柱子有收分　　图 2-47　天津独乐寺正殿观音阁的墙体有　　图 2-48　北京紫禁城角楼的剖
　　　　　　　　　　　　　　　　　　　　　　　　　　明显的侧脚　　　　　　　　　　　　　　切结构示意图

　　建筑的构架之美还体现在结构的形式美和装饰艺术美中。园林建筑本身呈现出严格对称的均衡美和结构形体的立体秩序美。斗拱和房屋构架结构复杂、严谨，不但是房屋承重的关键，而且具有雕梁画栋的装饰作用。其在光影的作用下，轮廓鲜明、叠加交错，仿佛庞大而有序的立体雕刻，构筑了结构上的视觉层次变化和强烈的立体空间感。且古人运用雕刻、彩绘等手段对房屋结构及部件进行了恰当而精美的艺术化装饰，使其在承载功能的基础上被赋予了强烈的视觉美和人文气息，如图 2-49 和图 2-50 所示。

图 2-49　北京紫禁城御花园中的万春亭　　　　　　图 2-50　万春亭结构一角

　　③ 建筑比例美。同样是供人们休息赏景的亭子，颐和园里知春亭的体量远远大于拙政园里的梧竹幽居亭，但它们都在各自的园林景观中散发出美与和谐的气质。那么，古人如何能建造出大小体

量不同而比例却始终和谐的建筑呢？是因为其建立了以"斗口"为基本模数的标准化制度。斗口是斗拱（清式平身科）的坐斗正面的槽口，其作为中国清代官式建筑设计中的基本模数，又称"口数"或"口份"（见《清工部工程做法》），如图2-51和图2-52所示。以模数为基准，大木作建筑（带斗拱建筑）以斗口口份为计算单位；小式建筑（不带斗拱建筑）以柱径为计算单位，并且在模数运算中严格按照一个"常量"和一个"变量"的推算关系，一方面，《清工部工程做法》中对不同类型和用途的建筑各构件的比例尺寸关系有明确的规定，即"常量"为清式建筑规定位于正中的明间一开间的宽度为77斗口，次间减一攒斗拱为66斗口，柱高为60斗口，檐柱径为6斗口，金柱径为6.6斗口，椽径为1.5斗口等。另一方面，对斗口尺寸也有明确的规定，即"变量"（控制建筑放大或是缩小），斗口尺寸也相应地分为十一个等级，如表2-1所示，各种尺度都可依以上规定推算。实际上，一切尺度均与斗口尺寸有相应的比例关系。这种标准化的模数制，使园林建筑尺寸精准，计算方便，在不改变建筑造型比例的情况下，通过模数换算实现整体缩放自如，具有和谐的数的比例美，如图2-53所示。

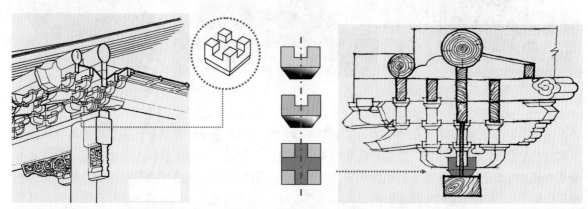

图2-51　清代柱头科、平身科斗拱中的坐斗构造图　图2-52　左为坐斗三视图、右为清代角科斗拱剖面图，其红色部分为坐斗

表2-1　十一等斗口的尺寸列表

	一等斗口	二等斗口	三等斗口	四等斗口	五等斗口	六等斗口	七等斗口	八等斗口	九等斗口	十等斗口	十一等斗口
斗口高	8.5寸	7.5寸	7寸	6.3寸	5.6寸	4.9寸	4.2寸	3.5寸	2.8寸	2.1寸	1.4寸
斗口宽	6寸	5.5寸	5寸	4.5寸	4寸	3.5寸	3寸	2.5寸	2寸	1.5寸	1寸

注：1寸≈3.2cm

④ 建筑屋顶美。一方面表现为建筑屋顶的造型美。屋顶是我国传统建筑造型艺术中非常重要的构成因素。园林建筑以其变化多样的形式而引人注意，令人赞赏。屋顶的基本种类有：庑殿顶、歇山顶、悬山顶、硬山顶、攒尖顶、盝顶等基本形态，层数上有单檐和重檐之分。除此之外，还有扇面顶、万字顶、盝顶、勾连搭顶、十字顶、穹窿顶、圆券顶、平顶、单坡顶、灰背顶等特殊形式。这些屋顶集结了中国古典建筑最优秀的部分，古人运用屋顶的基本形态进行组合和拓展，创造出了复杂的、造型各异的建筑形体。如三重檐圆攒尖顶、双重檐歇山顶、双重檐庑殿、卷棚歇山顶、两卷棚屋顶、卷棚接抱厦等，为园林意境的营造起到了各自重要的作用。唐代大明宫中的麟德殿是唐帝设宴、非正式接见和娱乐的场所。由三殿（前殿、中殿、后殿）、两楼（结邻楼、郁仪楼）、二亭（东亭、西亭）组成，是一个三重殿串联二层楼阁的组合建筑，是迄今所见中国建筑中形体组合最复杂的大建筑群。庞大而不失活泼，整齐而不呆板，华美而不纤巧，体积和造型亘古未有，风格设计空前绝后。如图2-54所示为中国古代

建筑的屋顶组合实例。

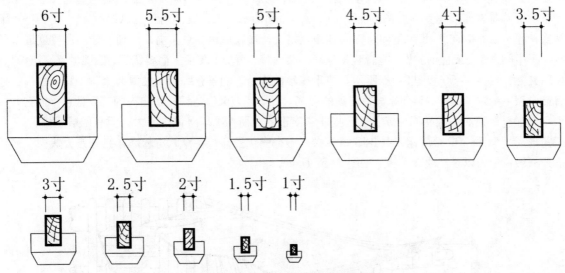

图 2-53　中国古代建筑的口份的等材制

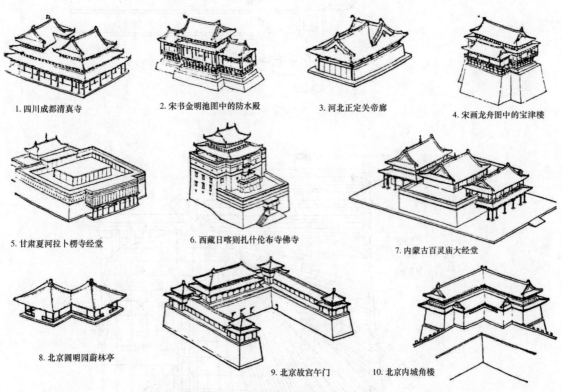

1. 四川成都清真寺　　2. 宋书金明池图中的防水殿　　3. 河北正定关帝廊　　4. 宋画龙舟图中的宝津楼

5. 甘肃夏河拉卜楞寺经堂　　6. 西藏日喀则扎什伦布寺佛寺　　7. 内蒙古百灵庙大经堂

8. 北京圆明园蔚林亭　　9. 北京故宫午门　　10. 北京内城角楼

图 2-54　中国古代建筑的屋顶组合实例

　　另一方面表现为建筑屋顶和屋角的曲线美。园林建筑所有的屋顶皆具有优美舒缓的屋面曲线。尤其是唐代建筑的正脊曲线大于檐口曲线，这种艺术性的曲线先陡急后缓曲，形成弧面。这种柔美的外形不是任意或偶得的，而是适应结构性能和实际用途需要而产生的。为了排除雨水、遮阴纳阳及避雷的需要，适应内部结构的条件而形成的"起翘"和"出冲"。起翘而成的弧线是在屋面的水平正投影的视图中，从正飞椽到仔角梁上皮之间存在高差，是屋角向外向上形成的翘起弧线；出冲带来的弧线是在屋顶垂直正投影的视图中，屋顶平面内水平与垂直的两正飞椽以斜45°角的仔角梁为直角平分线，并向斜45°角向外方向延伸至相交，形成屋角弧线。由此屋顶四面的屋檐就成了两头高于中间、向上反曲的屋檐，垂脊也呈反翘的弧线状，再加上屋顶上面要铺瓦，圆弧的瓦交错相扣，秩序井然，如图 2-55 和图 2-56 所示。两千多年前的诗人们就曾经以"如翚斯飞"（翚，古书上指有五彩羽毛的雉）这样的诗句来描写屋顶的形式。如山西万荣解店镇东岳庙内的飞云楼，平面正方，十字交叉脊屋顶。各层屋顶构成了飞云楼非常丰富的立面构图。楼体量不大，但有四层屋檐、12 个三角形屋顶侧面、32 个屋角，共 345 组斗拱，形态变化多样，各椽翼角起翘，宛若万云簇拥、鲜花盛开一般，给人以凌空欲飞之感，如图 2-57 所示。

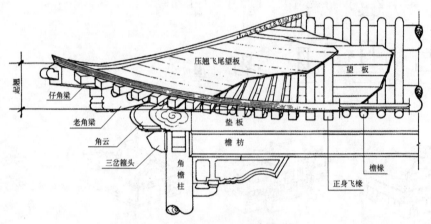

图 2-55　清代建筑中起翘的做法

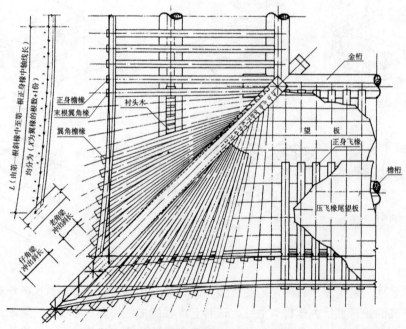

图 2-56　清代建筑中出冲的做法

图 2-57 山西飞云楼结构的各个细部和整体结构

建筑屋顶和屋角的装饰美和文化美。园林建筑的屋顶和屋角不仅具备其本身的结构曲线美，置于屋顶之上的造型奇特的装饰构件和如影随形的传说故事，使建筑更加生动有趣，富有东方神奇的文化魅力且耐人寻味。诸如在正脊两端装吞脊兽（插剑"鸱吻"）以示神物能激浪引起降雨，浇灭淫火；在垂脊之前装设以"钱兽"，在角脊上装设以"套兽"，如龙、凤、狮、天马、海马、狻猊、押鱼、獬豸、斗牛等群雕，在群雕之前再装设代表化难成祥的骑凤仙人——仙人指路，这种仙人形象在前，群兽形象随后的文化构思，不仅体现了道教神仙思想和封建礼教等级观念，而且反映出古人利用神通广大的超自然力来消灾避难、镇宅安邦的朴素理想，并且也使笨重的屋顶显得更加富有情趣、轻巧活泼，如图 2-58 所示。

图 2-58 建筑屋脊上的装饰构件

⑤ 建筑色彩美。色彩是中国园林建筑的又一大特色。皇家园林里红墙青砖，琉璃亮瓦闪烁、黄绿相间，配以华丽炫彩、内容丰富的建筑彩绘，红绿相映、金碧辉煌。皇家建筑中的彩绘从纹

饰的主体框架构图和题材方面可分为五大类。即和玺类、旋子类、吉祥草类、苏式类和海墁类。颜色种类繁多，尽显皇家气质，诸如金、米黄、蛋青、香色、硝红、粉紫、绿、青、黄、紫、黑、红、丹（樟丹）、白色等。色彩的运用与其功能达到了完美的统一。整体映衬在湖光山色间，金波浩渺之中，人们不得不为东方园林之华美和富丽所倾倒；而江南私家园林呈现了又一种景色，清幔魅影、粉墙黛瓦、屋身栗白相间，墨色点染。古代私家园主多为文人墨客，其造园思想都深受绘画理论的影响。故私家园林基本色是由灰、白、栗、墨色的灰色调组成。文人造园以追求运用古拙雅致之色的变化来创造艺术境界。那些高低错落的、幽静古朴的建筑隐藏在绿影婆娑、繁花锦木之中，人们又岂能不被东方园林之色彩瑰丽的一面所沉醉，如图2-59至图2-62所示。

图2-59 北方皇家园林建筑上的金龙和玺彩绘图

图2-60 北派皇家园林建筑恭王府中的妙香亭彩绘

图2-61 北方皇家园林建筑彩绘全貌

图2-62 南式牌楼明楼七攒五踩"万象斗拱"彩绘

（6）联想意境美。意境美是古典园林最主要的特征，其丰富多变的景物，通过运用诗句、对联、匾额等文学意境和绘画意境，使人们展开联系式联想、递进式联想或对比式联想，以达到情景交融、天人合一的美妙境界。

文学能赋予园林一种感情色彩，提升赏游的趣味，是意境创造的另一种手段。悬挂匾额给建筑取动听的名字，或张挂对联以呼应建筑本身的气质和深化园林景观的情境。在《红楼梦》的大观园试才题对联中，贾政说："偌大景致，若干亭榭，无字标题，任是花鸟山水断也不能生色。"他道出了其重要作用。如康熙和乾隆就对承德避暑山庄72景进行了命名；又如拙政园中的留听阁之名是引自李商隐的诗句："秋阳不散霜飞晚，留得残荷听雨声。"沧浪亭的楹联："清风明月本无价，近水遥山皆有情。"与屈原《楚辞·渔父》中描述的"渔父莞尔而笑，鼓枻而去，乃歌曰：'沧浪之水清兮，可以濯吾缨。沧浪之水浊兮，可以濯吾足。'"之说暗合，何等妙趣，如图 2-63 至图 2-65 所示。留园中有座名贵的楠木厅，名为"五峰仙馆"，"五峰"源于李白的诗句："庐山东南五老峰，晴天削出金芙蓉"。在古人心中，庐山是仙人和隐士居住的乐园，为归隐和成仙得道之意。五峰仙馆南面庭院中的湖石假山，似有庐山五老峰的写意神韵。其间有五个山头，暗喻馆名中的"五峰"。"读书取正，读易取变，读骚取幽，读庄取达，读汉文取坚，最有味卷中岁月；与菊同野，与梅同疏，与莲同洁，与兰同芳，与海棠同韵，定自称花里神仙。"——清代的陆润庠撰写的馆联，把文士的那种与世不群的超脱感同此馆名中的"仙"和李白诗境中的"仙"紧密相连，妙哉。而与简短的匾额和对联相比，诗句以更多的文字更能让游人在园林中感受到文学描绘的境界和联想加工的意境。唐代诗人王维拥有自己的辋川别业，此园坐落在山水绝佳之处，据王维的《辋川集序》中记载，布置了孟城坳、华文冈、文杏馆、斤竹岭、鹿柴、木兰柴等 20 处以上的景观，自己吟诗颂辋川 20 首及裴迪同咏诗 20 首，再现了别业朴素自然且生机盎然的园林意境。

图 2-63　北方皇家园林 承德避暑山庄内景

图 2-64　苏州拙政园 清雾缭绕湖中廊桥　　　　图 2-65　北方皇家园林 承德避暑山庄外八庙风景

　　绘画可谓造园之母。文人还喜欢将绘画中描绘的景象实现到园林的三维立体空间中去游赏。以园林中建筑的门、窗、洞或者乔木树枝抱合成的景框，按框设景，在不同的角度欣赏景框外创造的以白墙为背景的竹石等小品画。犹如打开的一幅幅画卷，在光影风动的影响下，形动影移，虚实结合，典雅生趣，达到"触景生奇，含情多致，轻纱环碧，弱柳窥青。伟石迎人，别有一壶天地"的境界。《园冶》中谓："藉以粉壁为纸、以石为绘也。理者相石皴纹，仿古人笔意，植黄山松柏、古梅、美竹，收之圆窗，宛然镜游也"。网师园的集虚斋庭院，庭植青翠潇洒的慈竹两丛，有花窗相映，有洞门相通。东面通五峰书屋，东墙上有两方精美的园林和花鸟砖雕。西墙上开设空窗，窗外点植垂丝海棠，框景入画。轩外池岸畔植梅花，原有横卧偃伏的黑松，成为轩外一景。

总之，中国古典园林艺术的美不仅限于此，以追求"一峰则太华千寻、一勺则江湖万里"的深远意境，以追求"虽由人作，宛自天开"的自然精神为最高目的。忙碌生活的人们应该尽可能地进入其中，去深入感受和涤荡心灵，回归园林意境带来的那份恬静和深远。它是祖先留给我们的珍贵礼物，让我们深感中国五千年文化史造就之珍贵和古韵古香的东方艺术之魅力，我们对之充满了好奇和探索欲望，我们钦佩祖先的智慧和才能，这是我们必须继承和发扬的瑰丽艺术。

2.2　园林设计与伦理学

中国辉煌的园林艺术背后承载了古人对美学思想的执着追求，中国的美学思想自先秦开始就倾向于"美"的伦理研究，重真与善的统一。而到了近现代社会，科技不断发展所引发的经济利益至上日趋严重，人们遗忘了祖先留下的文化遗产，各个领域都日益出现了道德主体在实践中失范的现象。各行业也出现了不少道德危机和责任危机。现实中，园林所反映的道德问题比其他形式更直观，距离更近。伦理学使现实困扰中的人类保持清醒的头脑，思考如何面对过去、现在和未来。

2.2.1　伦理学概念

伦理学也是哲学的分支学科，又称道德学、道德哲学，是一门重要的应用科学。其中最重要的是道德与经济利益、物质生活的关系，个人利益与整体利益的关系问题。事实上，一方面伦理学关注道德起源、本质、发展变化规律及其社会作用；另一方面还关注人们的道德意识现象（如个人的道德情感、品质、修养等）、道德活动现象（如道德行为等）、道德规范现象，不但包含着对人与人、人与社会和人与自然之间关系处理中的行为规范，而且也深刻地蕴含着依照一定原则来规范行为的深刻道理——实为做"人"的道理。

2.2.2　伦理呼唤与设计反思

1. 设计伦理的反思

关于"美"的研究，伦理学有自己的学科视角。古代西方的关注点着重从"人本"的角度思考。个体的道德提升和群体的道德建设是衡量人、以及由人组成的社会美与否的重要标准。早在公元前三百多年，伟大哲人亚里士多德就第一次从伦理的角度提出了人类"美"的标准——"美德"：即践行道德行为来展示自身之人格魅力，为美德也；而后，来自18世纪以后的哲学家边沁和斯图加特·密尔对社会公正的追求，把人的道德标准从人的自我角度提升到社会公益的高度；哲学大师康德又睿智地整合了前两者——美德论和公益论，创建了全新的伦理视角，使义务感和责任感成为当时伦理美德的新标准。

然而，西方伦理学家们对人本"美"的研究进行了漫长的历程，直至20世纪20年代，生态伦理学家们做出了大胆创举，推翻一直以来的"人类中心论"的道德审美观，但还是没能抑制住后人对利益的追求欲望。科技不断发展所引发的经济利益至上的思潮日趋严重，就连20世纪90年代关于"克隆人"的大论战里，科学们也只谈利益，不管道义和德行了。相反，有义之士——哲学家阿拉斯戴尔·麦金太尔在其重要著作《追寻美德》一书中对美德的呼唤，从新的起点提出了美与善、善与实践的统一理论。

人们的觉醒同时遍及文学、艺术等各个领域。从20世纪60年代起，在设计领域掀起了深刻的道德反思，"超高技派"、"极少主义"、"绿色设计"等都纷纷树以正义旗帜："超高技派"用短暂的生命发出歇斯底里的呐喊，以极端的方式批判和讽刺了对技术的盲目崇拜；"极少主义"以超凡脱俗的减法式设计手法，抛弃人们以物质享受为中心的价值观，并以清心寡欲换取高雅与富足的清高品质，完全对立于经济至上的社会风气；"绿色设计"（生态设计）致力于高新技术合理作用于生态环境，揭示了现代科技文化所引起的生态环境破坏的严重后果，体现了设计师道德和社会责任心的回归；21世纪倡导全球"低碳生活"理念，是人类主观意识能动地协调人与环境的新观念。随着这种主张低能量、低消耗、低开支的新生活方式的出现，吹响了全球减缓生态恶化、可持续理念践行的集结号。

 2. 新的伦理诉求

上述一系列的设计伦理性思潮和运动，表明了每次环境科学研究、每阶段的环境实践，都表达了人们形成伦理诉求的迫切性和必然性。人们在现代社会越发多元的文化背景下已经产生了大量相同的设计伦理诉求。在现代中国，城乡改造过程中出现了众多与理想环境状态大相径庭的问题，如房地产开发占用农耕土地、城市居民公共活动区域狭小、城市地面硬铺装过多导致排水不畅等，人们也开始反省的呼声越发高涨。

- 设计的生态平衡性。人工的创造性活动需要使人、社会环境与自然环境三者的关系具有一种平衡的生态性。
- 设计的社会公正性。呼吁使公民大众公平、合理地享受设计成果。
- 设计的人文性。呼吁文化的传承，增强城市中的人文气息、倡导自然回归等理念，已经成为社会公民在伦理道德方面的强烈愿望和要求。
- 人的价值取向。探讨的是设计师、开发商、政府、公民大众、社会媒体等社会各方面成员关于设计的责任感和正义感，以及理性的价值判断等诉求。

2.2.3　设计伦理

设计伦理是设计学与伦理学的结合，主要内容是设计的态度和对价值的判断。其要求设计中必须综合考虑人、环境、资源等因素，着眼于长远利益，发扬人性中美的、善的、真的方面，运用伦理学取得人、环境、资源的平衡和协同。最早提出设计伦理性的是美国的设计理论家维克多·巴巴纳克，他在20世纪60年代末出版了他最著名的著作《为真实世界的设计》。巴巴纳克在该著作中明确地提出了设计的三个主要问题：一是设计应该为广大人民服务，而不是只为少数富裕国家服务，其中他特别强调设计应该为第三世界的人民服务。二是设计不但为健康人服务，而且还必须考虑为残疾人服务。三是设计应该认真地考虑地球上有限资源的使用问题，设计应该为保护我们所居住的地球资源服务。从这些问题上来看，巴巴纳克的观点明确了设计的伦理在设计中的积极作用。

设计伦理性作为设计艺术在新世纪所思考的新的艺术设计的方向，恰恰能满足现代设计艺术处理综合设计关系的问题，是设计艺术有了时代性的实际理论的指导。设计伦理性所赋予设计艺术和谐性的"人"的关系，重新回归到包豪斯时代所确立的设计原则——设计的目的是为了人，而在满足人的功能需求的基础上，更加呼吁设计艺术的人文精神。由此可见，设计伦理对从事设计的人员道德要求不仅限于人和社会的范围，是建立在自然环境三维空间基础上的，其包括历史、现代与未来环境的相互关系。它能够协调环境、设计与价值之间的关系；协助处理决策者与设计师之间的关系；协调设计活动中的多部门、各环节之间的关系；处理设计方与服务对象之间的关系以及处理设计各要素（设计施工管理、设计流程环节、设计成果、投入使用状况等）与自然环境、社会环境的关系等。因此，设计既是一种表达个性创新并富有感情的艺术，又是理性和严谨的科学行为。

2.2.4　设计伦理维度下的园林设计

伦理学中围绕人和道德的理论研究，既能为设计师如何去处理城市与自然关系的问题指引方向，又对设计服务对象的伦理意识培养有极其重要的指导作用。园林设计不仅意味着园林环境设计，更可引申为城市环境设计、地球生态环境设计。对局部环境和整体环境的可持续性维护，离不开对人本身和公共社会的道德约束和伦理意识培养。2010年联合国教科文组织在西安举办的第十五届《保护世界文化和自然遗产公约》的缔约国大会指出："注意到当代建筑对世界遗产本身及其周边环境的影响不容乐观，越来越受到决策者、城市规划者、城市开发商、建筑师、保护主义者、财产所有者、投资者以及有关市民的关注。"面对国际社会的伦理觉醒，中国应冷静地审视自己，如图2-66所示。

图2-66　城市规划拥挤，建筑与城市景观格格不入

园林设计能够在一定程度上提高环境的视觉美，并使园林工程成果成为城市建设的"亮点"。可是，耕地不断减少，土地旱涝逐年增加，空气污染日益严重等问题仍然存在。园林设计的职能虽然是促

进人居环境的生态性和可持续性，但仅靠单方面的设计活动和成果带来环境的彻底改善是不现实的，生存环境的可持续发展需要公民大众、公共社会、国家政府的通力协作，运用设计伦理的力量，通过我们不断调整自身（对自然）的认识（观念）和行为（实践）来实现人与自然的互生互惠。

1. 设计师的责任意识和道德素养

设计师是环境美化的直接参与者之一，可以运用专业知识和个人的艺术修养把环境质量与生活品质提升上来。一个相对高品质的园林环境设计会给生活在其中的人们带来美的享受，这种享受对于生活质量是至关重要的。设计师丰富的经验和扎实的空间审美及创造美的能力，能够帮助我们将自然环境与人工环境相结合的空间设计里注入和谐的美的元素，并且优秀的设计师能赋予园林空间的时间延续性、空间的延展性及可持续性，不仅可以实现历史遗迹的保护和废旧空间的再利用，还可以为人们当下紧张的生活注入活力，为其带来轻松和愉悦，更能为未来的环境改善和发展，起到持续的积极作用。因此，设计师的道德素养和责任意识，对自然环境、人文环境、历史环境、现存环境、未来环境等，多因素综合考虑的全面性和深刻性具有重要的指导意义。强烈的责任意识和伦理道德意识，对设计师决策和执行的科学性、合理性，也有重要的指引作用。因此，设计的伦理性在塑造设计师品格和引导责任意识方面意义重大。

2. 公民的伦理意识

在改革开放以后，西方现代艺术设计的相关理论被引入中国，设计领域突破了传统设计理念，确立了"以消费者为中心"的意识。设计行业的服务属性意味着普通公民不应该是言听计从的被动消费者，直到互联网高速发展的 21 世纪后，包括园林设计专业在内的几乎所有的专业知识和经验都能被全社会共享，才大大增加了消费者学习和参与园林专业设计的机会和途径。"以消费者为中心"的理念才真正得以实现和普及。当今的社会公民在为设计作品买单的过程中强烈的参与意识，打破了传统设计中以设计师为主导的设计模式。消费者作为设计行业重要的服务对象，在一定的条件下可以拥有参与设计建议和控制消费的双重身份。那么，消费者是否具有伦理意识和道德素养，将对设计深入程度和设计走向产生相当重要的影响。另一方面，对设计成果的认可、对设计价值的评论、对园林环境的共同维护、园林生态系统的共同维系、园林绿化的共同参与等，都需要消费者具有一定的道德素养和伦理观念，并以此指导生活中的行为和行动，如图 2-67 所示。

3. 社会的道德建设和监督

目前，电影、电视、广播、印刷品（书刊、杂志、报纸）、博客、维基、播客、论坛、社交网络、内容社区等已经深入了人们的生活。社会是一个有机体，其重要功能之一就是维持正常的社会秩序，调整人们之间的关系，规定和指导人们的思想、行为的方向。社会大众和传播媒介（简称"传媒"）是社会生活中最有影响力的两个元素。传媒既能够准确、及时、全面地发现和传播信息，又是实验工具和调查手段；既可以是社会问题的监督者，又可以是社会道德舆论的引导者。而社会大众既是传媒信息的接收者，又是各种信息的传播者。所以全社会迫切需要形成一种良好的道德氛围和达成群体伦理共识，社会大众和传播媒介既成为道德风尚建设的参与者，又成为道德失范的监督者。揭露问题，正确看待事物的价值，并积极弘扬高尚的道德品质，传承伟大的人文精神，享受园林美的同时有意识地维护园林的环境美，共同推动生态环境的可持续发展，如图 2-68 所示。

图 2-67　西湖赏荷花的游客们 　　　　图 2-68　广州日报记者网络揭露苏州狮子
林园游客的不文明行为

4. 国家的可持续战略

可持续发展的理念并不是一般意义上的在时间和空间上的连续，而是特别强调了环境承载能力和资源的永续利用对发展进程的重要性和必要性。

（1）政府的公正决策

正在发展中的中国，一直保持着各个城市的规划和建设大踏步的进程，但民族众多、文化精深的中国在现代社会的发展中却出现了千城一面的尴尬局面。那么，各级政府对城市包括园林绿地在内的总体规划合理与否，是需要根据当地的自然环境、资源条件、历史情况、现状特点进行正确分析和综合评估的。以确定城市的发展性质、规模和建设标准，合理安排城市用地的功能分区和各项建设的总体布局，布置城市道路和交通运输系统，选定规划定额指标，制订规划实施步骤和措施等。对于这些关乎城市生命力强弱的重大决策，迫切需要设计伦理理论指导决策者们冷静地分析和合理地实施，其认识高度、决策高度、决策方向、决策后果等对园林规划设计和环境建设有着重要的影响。因此，需要政府及工作人员能正确衡量个人利益与整体利益的关系、政府行为与人民生活品质的关系、城市现代经济增长与城市传统文化传承的关系、现阶段城市规划与未来城市发展的关系等，避免盲目的政府行为和短浅的长官意志下，出现不合理的土地开发、形象工程，及不实用的城市广场、道路、商业街和居住区的规划等，实现人民享受园林设计成果的公平生活。

（2）国家的战略眼光

可持续的生态环境是实现人类一切美好理想的基础。国家整体发展方向、方针政策、战略部署定位，均需要具有正确的伦理观作为政府带领全体人民和整个社会发展的重要导航。在全球倡导环境可持续发展的大背景下，我们国家首次把"美丽中国"作为未来生态文明建设的宏伟目标，把生态文明建设摆在总体布局的高度来论述。"美丽中国"描绘了生态文明最美的画卷，为园林设计提供了良好的宏观环境和建设环境。合理的科技开发与发展使人的设计智慧无限拓展，为生态化的、高品质的园林环境提供了强大的创新支持。

在经济措施上，国家更加注重培育以低碳排放为特征的新的经济增长；在道德教育的总目标方面，我国在未来将大力推进公民道德建设工程。一方面开展全民基础道德建设，深入开展道德领域突出问题专项教育和治理，加强政务诚信、商务诚信、社会诚信和司法公信的建设。弘扬真善美、贬斥假恶丑，营造劳动光荣，培育知荣辱、讲正气、作奉献、促和谐的良好风尚等；另一方面应该进行全民的设计伦理意识共建。引导人们自觉履行法定义务、社会责任、家庭责任，重视家庭生活环境，对子女有意识地进行道德素质培养，加强学校环境的诚信意识和集体责任氛围建设，尤其在高等学校的专业设计教育过程中，培养学生正确的设计伦理观和责任精神，创造全社会的伦理氛围，为未来呈现生态与人文和谐发展、风景如画的园林环境提供更温馨和谐的氛围。

总之，设计伦理的认知和践行仍然在人类伦理道德建设的道路上努力前行。任何一个时代的伦理学都是在此时代关于人们生存意义和人生价值的理论表现。它无时无刻不突显人的生存和发展，突出人的社会实践活动。近年来，随着多项世界性的政治、经济、文化盛会的到来，使建筑设计、景观设计、园林规划设计等相关行业充满了大量的机遇，越来越多的决策者、城市规划者、城市开发商、建筑师、保护主义者、财产所有者、投资者以及有关市民，已意识到了全民道德建设对未来园林的发展意味着什么。那么，作为未来的园林设计师要更为清醒地认识到道德建设对环境的好与坏意味着什么，设计师的责任和影响意味着什么。那么，随着设计者和决策者们的设计伦理意识的增强，以及公众消费者设计伦理认知和道德意识的提高，无疑是园林设计乃至整个社会科学发展、生态发展的推动力。

本章重点与习题

1. 了解中西方的美学观点。
2. 从美学的角度分析中国古典园林之美。
3. 理解伦理学理论对园林设计的指导作用。

拓展实践

1. 用相机记录古典园林中的著名景观，并从你的审美角度去发掘不一样的园林美。
2. 从伦理学的角度考察现代园林的社会状况，研究其现状存在的问题及具有可行性的解决方案。

第3章

园林的设计理论

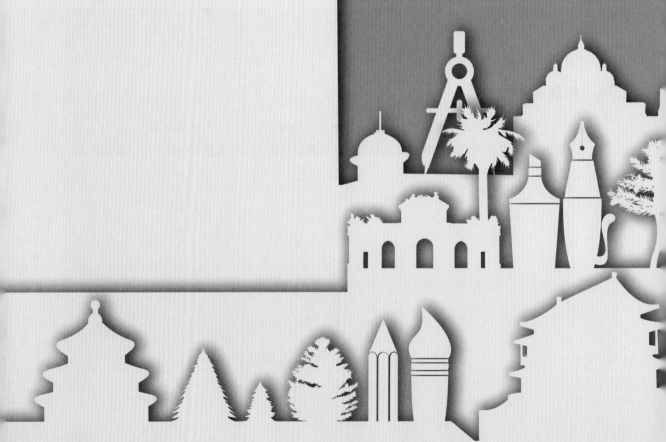

3.1　园林中的布局及形式特征

　　园林布局，是园林设计总体规划的一个重要步骤，是根据计划确定所建园林的性质、主题、内容，结合选定园址的具体情况，进行总体的立意构思，在此基础上对构成园林的各种重要因素进行综合的全面安排，确定它们的位置和相互之间关系的一种思维活动。

　　在此过程中，要确定园林的使用对象和功能；选取、提炼设计素材；策划主题创意；分析功能分区合理性；确定园林的平面布置形式；组织和分布道路系统；设计景观游览路线；安排景观轴线及确定主景与配景比例和关系等。

3.1.1　园林构成的基本要素

　　随着历史的演变，园林形式由基本的实用型布局发展到对文化艺术的欣赏型布局，在原始范围基础上发展起来的后世各种园林形式，无论在大千世界里如何变化丰富，都脱离不了基本的构成要素来组合。

　　所有的艺术形式都存在一定的基本特征和规律、固有的表现方法，即具有共同特性和关系的一组现象出现，园林艺术亦如此。其基本构成要素自身的形态变化、种类变化、结构变化或质感变化等，或各要素之间不同的比例组合变化、空间组合变化、形式组合变化等，都能给设计师的园林设计创意、策划布局形式提供灵感和突破口。万变不离其宗，园林设计就是利用山水地形、广场道路、建筑、植物、园林小品等设计要素来进行的一种设计活动。围绕主题思想定位，以设计创意为中心，以满足人的功能为基础，通过对这些要素的有机组合，获得独特的园林布局形式，形成具有思想内涵、文化深度、理想意境的高品质园林作品，如图 3-1 所示。

图 3-1　由各种构成要素构成的城市绿地、花园景观

　　园林的山水地形： 地形是地表以上固定物共同呈现出的高低起伏的各种状态，是园林设计的基础，主要包括沼泽、湖泊、山地、丘陵、峡谷、凹地、坪、坞等。地形要素的利用和改造，对园林形式的确定、

掇山理水形态、园林建筑布局、植物群落的分布、道路和广场设置、园林水电工程设计、局部小气候的形成等因素产生影响，合理的地形设计能为园林提供基础条件。

园林的建筑：建筑是为游人提供休息娱乐、遮阳避雨的人造空间，也是造园师设置观赏景观视点的重要对象，对体现园林艺术的人文内涵起到极其重要的作用。因此，园林中的建筑风格、布局、体量、造型等设计应考虑与园林功能需求、园林主题定位、周围的园林景物等形成联系和呼应。

园林的广场道路：广场是园林中较为广阔的场地，是重要的兼具游人集散和交通疏导的公共开敞空间。而道路是连接广场、建筑及其他景观的重要纽带。可以自然迂回，也可以规整笔直，广场、道路与建筑的有机结合，是园林形式确定的决定因素。且进行景观节点设置时，要考虑在整体、连贯、起伏的园林空间中，广场和道路系统作为园林的脉络，使它起到交通联系和疏导的作用。

园林的植物：植物繁茂是生态园林环境生机勃勃的重要象征，也是园林工程建设中最重要的材料。各种植物包括乔木、灌木、地被、攀缘、岩生、水生以及常绿、落叶、草本等多种类共生共存。室内花卉、装饰用的植物也属园林植物。根据植物的生长习性、景观特性（色彩、香气、形态、季节变化等）以及园林主题意境的设定，使植物与山水、建筑、雕塑小品等要素有机配置，能形成山水图画之佳境，繁花覆地，杂树参天，奇亭巧榭，构分红紫之丛也。

另外，生态系统需要多种生物共同构建健康的生存空间，往往园林设计需要把动物和植物两方面联系起来综合考虑。生物系统的良性循环、自然气候宜人有赖于丰富的植物群落和自由栖息的动物种群。所以，动植物结合的生态景观给园林景观增添了生色，能让人感受鸟语花香、莺歌燕舞、水暖鸭肥的生活气息，体验戏蝶观鱼、赏花听泉的生活情趣。

园林的小品：园林小品是园林中供休息、装饰、照明、展示和为园林管理及方便游人之用的小型公共设施及公共艺术作品等。其造型别致，创意独特，能使园林表现出无穷的活力、个性与美感，是园林艺术的点睛之笔。因此，构思独特的园林小品与环境结合，会产生不同的艺术效果，使环境宜人而更具感染力，如图3-2和图3-3所示。

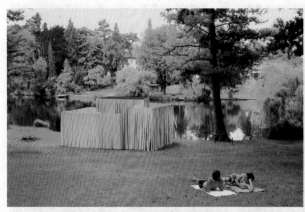

图3-2 德国艺术家马丁立方体景观小品设计　　　图3-3 西班牙街头植树盆设计

3.1.2 园林布局的形式及特征

园林布局一般分为规则式园林、自由式园林、混合式园林三种形式，是根据世界的三大园林体系（西欧园林体系、东方园林体系、西亚园林体系）归纳而成的三种基本形式。园林布局形式的产生和形成，与世界各民族的地理环境、历史环境、文化环境甚至是政治环境等综合因素的作用是密切相关的。

1. 规则式园林

规则式园林又称整形式、建筑式、几何式、对称式园林，是一种具有几何美、秩序美和强烈的人工美的园林形式。从公元前 5 世纪古希腊就开始有了突出人工造园的趋势，直至 18 世纪末东方园林风靡欧洲和 19 世纪英国风景园林的盛行之前。欧洲的园林一切都突出表现人工意志，布局方正规端，整个园林及各景区景点皆表现出人为控制下的形式美。其中最有代表性的就是文艺复兴时期的意大利台地园林和 17 至 18 世纪法国勒诺特式园林。意大利台地园的代表作有埃斯特庄园、美第奇庄园等；法国园林的代表作为维康府邸花园、凡尔赛宫大花园；而北京的天坛则是中国规则式园林的代表。这种园林布局形式具有以下特点，如图 3-4 所示。

中轴线：全园在平面布置上有明显的中轴线，并大抵依中轴线的左右前后对称或拟对称布置，园地的划分大都成几何形体。

地形：在开阔较平坦的地段，由不同高程的水平面及缓倾斜的平面组成；在山地及丘陵地段，由阶梯式大小不同的水平台地倾斜平面及石级组成，其剖面均为直线所组成。

水体：其外轮廓均为几何形，主要是圆形和长方形，水体的驳岸多整形、垂直，有时加以雕塑。水景的类型有整形水池、整形瀑布、喷泉、壁泉及水渠运河等。

广场和道路：广场多为规则对称的几何形，主轴和副轴上的广场形成主次分明的系统，道路均为直线形、折线形或几何曲线形。封闭性的草坪、广场空间，以对称建筑群或规则式林带、树墙包围。广场与道路构成方格形、环状放射形、中轴对称或不对称的几何布局。

建筑：主体建筑群和单体建筑多采用中轴对称均衡设计，多以主体建筑群和次要建筑群形成与广场、道路相结合的主轴、副轴系统，形成控制全局的总格局。

种植设计：配合中轴对称的总格局，全园树木配植以等距离行列式、对称式为主。树木修剪整形多模拟建筑形体、动物造型、绿篱、绿墙、绿柱、绿门、绿塔、绿亭等，此为规则式园林较突出的特点。园内常运用大量的绿篱、绿墙、丛林划分和组织空间，花卉布置常以图案为主要内容的秀毯式植坛和花带，有时布置大规模的花坛群。

园林小品：园林雕塑、瓶饰、园灯、栏杆等装饰点缀了园景。西方园林的雕塑主要以人物雕像布置于室外，雕塑雕像的基座为规则式，并且雕像多配置于轴线的起点、焦点或终点。常与喷泉、水池构成水体的主景。

2. 自然式园林

自然式园林又称为风景式、不规则式、山水派园林等，以中国的古典自然山水园林为代表。北京颐和园、承德避暑山庄、苏州拙政园、留园等是典型作品。中国自周代开始一直秉承自然山水的审美取向，从唐代开始就深刻影响日本的园林，18 世纪后半期世界园林风格开始相互融合，英国的风景园林率先出现了一定的自然式园林的布局特征。自然式园林随形而定，景以境出。利用起伏曲折的自然状貌，栽植时如同天然播种，蓄养鸟兽虫鱼以增加天然野趣，掇山理水顺乎自然法则，是一种全景式仿真自然或浓缩自然的构园方式，如图 3-5 和图 3-6 所示。

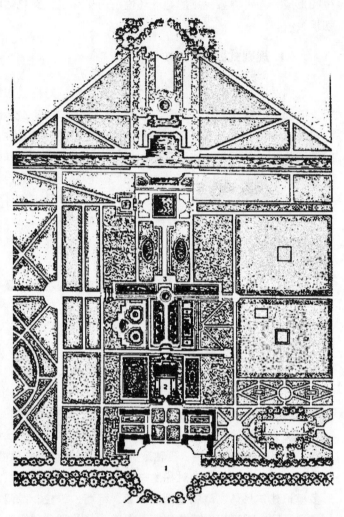

图 3-4　规则式园林布局　法国孚·勒·维贡府邸花园

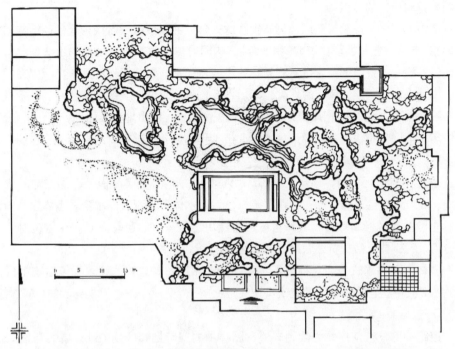

图 3-5 自然式园林布局 江苏扬州个园

图 3-6 江苏扬州个园的自然山水景观

这种园林布局形式的特点如下。

轴线：全园不以轴线控制，但局部仍有轴线的处理，并以主要导游线构成的连续构图控制全园。

地形地貌：自然式园林的创作讲究"相地合宜，构园得体。"主要处理地形的手法是"高方欲就亭台，低凹可开池沼"的"得景随形"。自然式园林的主要特征是"自成天然之趣"，所以在园林中要求再现自然界的山峰、山巅、崖、冈、岭、峡、岬、谷、坞、坪、洞、穴等地貌景观。在平原地带，要求自然起伏、和缓的微观地形。地形的断面为自然和缓的曲线。在山地和丘陵地，则利用自然地形地貌，除建筑和广场基地以外不作人工阶梯形的地形改造工作，原有破碎割切的地形地貌也加以人工整理，使其自然。

水体：讲究"疏源之去由，察水之来历"。园林水景的主要类型有河、湖、池、潭、沼、汀、驳、溪、涧、洲、渚、港、湾、瀑布、跌水等。总之，水体要再现自然水景。水体轮廓为自然曲折，水岸为各种自然曲线的倾斜坡度，驳岸主要用自然山石驳岸、石矶等形式。在建筑附近或根据造景需要也部分用条石砌成直线或折线驳岸。

建筑：园林内单体建筑多为对称或不对称均衡的布局，其建筑群和大规模建筑组群，多采取不对称均衡的布局。中国自然山水园的建筑类型有厅、堂、楼、阁、亭、廊、榭、舫、轩、馆、台、塔、桥、墙等。

广场与道路：除建筑前广场为规则式外，园林中的空旷地和广场的外轮廓为自然式。以不对称的建筑群、土山、自然式的树丛和林带包围。道路的走向、布列多随地形，其平面和剖面多为自然起伏曲折的平曲线和竖曲线组成。

种植设计：自然式园林种植不成行列式，以反映自然界植物群落自然之美。树木不修剪，配植以孤植、丛植、群植、密林为主要形式。花卉布置以花丛、花群为主，庭院内也有花台的应用。

园林小品：包括假山、石品、盆景、石刻、砖雕、木刻等。园林小品是画龙点睛之笔，为自由、活泼的自然山水增添人文气息、艺术品位、生活情趣和情调。

3. 混合式园林

所谓混合式园林，主要指规则式、自然式交错组合，全园没有或形不成控制全园的中轴线和副轴线，只有局部景区、建筑以中轴对称布局，或全园没有明显的自然山水骨架，形不成自然格局。一般情况，多结合地形，在原地形平坦处根据总体设计需要，安排规则式的布局；在原地形条件较为复杂，具备起伏不平的丘陵、山谷、洼地等，结合地形设计成自然式。类似上述两种不同形式的设计组合，即为混合式园林。

混合式园林具有开朗、明快、变化丰富的特点。混合式手法是园林规划布局的主要手法之一，它的运用同空间环境地形及功能性质要求有密切关系。采用规则式布置的环境一般面积不大、地势平坦、无甚种植基础、功能性较强的区域（如园入口、中心广场等），进行不规则式布置的环境一般原有地形起伏不平，丘陵、水面较多，树木生长茂密，以游赏、休息为主的区域，以求曲折变化，有利于形成幽静安谧的环境气氛，如图 3-7 所示。

图 3-7　混合式园林布局　泰国的拼接式景观花园

3.1.3　园林形式的确定因素

1. 根据园林的性质和用途，确定园林形式

　　园林的性质和用途不同，产生的园林布局形式必然有所不同。相应营造的园林气氛、园林风格、建筑样式、道路系统组织、选用的植物类型及使用材料等都会有所不同。有人民公园、动物园、植物园、儿童游乐园、运动性公园、体疗性园林、纪念性园林、历史性园林、风景名胜园林、住宅园林等；还有雕塑公园、水公园、动漫乐园、影视公园等主题性园林。不同的园林性质和用途，对应相应的园林布局形式。比如，动物园是搜集饲养各种动物，进行科学研究和迁地保护，供公众观赏并进行科学普及和宣传保护教育的场所。这类园林的性质就是具备保护的科研性和教育性、观赏的趣味性和安全性，要求给游人传达生物知识和美感。所以在园林设计上要求功能设施齐全，环境设计要符合动物生活习性，方便游览观赏，保证动物、游人和饲养人员的安全及饲养人员管理操作方便等。要创造出自然活泼、寓教于乐的环境。故不能采用严谨的中轴对称的规则式的全园布局方式，应尽量保持动物生存的环境状态，形成自然流畅的路线规划，地形地貌、山水植物分布、展览方式、游览区等设计可采用自然式手法烘托自然生态气息和野趣。著名的动物园有哈尔滨北方森林动物园、

四川碧峰峡野生动物园、印度尼西亚莎华丽野生动物园、南非克鲁格国家公园、南非国家野生动物园、澳洲野生动物园等，如图 3-8 所示。而历史性园林则是体现历史遗迹、历史事件等物质或非物质文化遗产的人文性园林（包括人文性园景、建筑、史迹以及风物）。因此，作为历史性园林应呈现历史文化内涵、审美、历史再利用价值并隐含或展现人类劳动成果的环境。例如，都江堰离堆公园、南非纳尔逊·曼德拉纪念公园等，如图 3-9 所示；而儿童公园应具备色彩明快、造型丰富、智能趣味并兼备体验安全等的园林环境。如日本东京儿童成长主题公园、英国儿童交通公园等，如图 3-10 和图 3-11 所示。

图 3-8　南非最大的野生公园 克鲁格国家公园

图 3-9　纳尔逊·曼德拉纪念公园 纪念碑庄严肃穆

图 3-10　日本东京儿童成长主题公园 成人职业体验

图 3-11　日本东京足立区龟公园 供儿童嬉水攀爬

2. 根据自然环境条件，确定园林形式

　　自然环境条件亦称为地理环境条件，包括地质条件、地形条件、水文资源、气候环境、植被分布等因素，也是左右园林形式的依据。这些因素差异使得园林规划设计很难做到绝对的规则式和绝对的自然式。往往在建筑物密集成群，城市绿地平坦而地带相对狭小，人工环境集中的区域，可以采用规则式手法，例如著名的迪拜哈利法塔公园、丹麦哥本哈根的 Superkilen 城市花园、德国索林根市政厅广场绿地等；而远离城市建筑群，原有地形起伏不平，地貌相对丰富，水域和自然植被面

积广大的区域，可以采用自然式手法布置，经济美观。如美国大峡谷国家公园、日本箱根富士伊豆国立公园等；大型居住区、工厂、体育馆、大型建筑物四周绿地、高级酒店花园等则以混合式为宜，如北京奥林匹克公园、美国加利福尼亚州九曲花街、万科第五园等，如图 3-12 和图 3-13 所示。

图 3-12　美国大峡谷国家公园

图 3-13　美国加利福尼亚州九曲花街

3. 根据人的意识形态，确定园林形式

意识形态是一种观念的集合，包括了政治、法律、思想、道德、文学艺术、宗教、哲学和其他社会科学等相联系的观念、观点以及概念等。中西方不同的意识形态决定了中西方不同的园林形式和艺术风格。西方人自古希腊就对人体的自然美和形式美极其欣赏，认为人体美是自然美的最高形态，故在欧洲园林设计中大量运用人体雕塑，并在重要景观节点上设置人体雕塑组合的大型喷泉。而中国人的价值观、思维方式、政治理念和社会秩序的建构，深深影响着中国古典园林的布局形式和风格样式。以若隐若现为美的东方风韵与西方直率的表达方式大相径庭，故意大利传教士郎世宁在设计圆明园的过程中，把重要景观"大水法"设计初稿给乾隆皇帝看时，中国的皇帝完全不能接受西方式的裸体雕塑喷泉在帝王家的花园中出现，由此改用中国本土的十二生肖青铜雕塑代替了人体雕塑。

4. 根据文化传统，确定园林形式

文化传统是贯穿于民族和国家各个历史阶段的各类文化的核心精神。文化传统的不同，也使园林布局形式、造园手法等产生变化。虽然日本深受中国文化影响，中国水墨画和佛教宗派禅宗思想深入日本，但日本自己的文化精神使园林开始摒弃以往的池泉庭园，使用一些静止、不变的元素，营造枯山水庭园。这种文化影响至今，具有枯山水特色的朴素雅致的日本现代园林景观，在世界现代园林设计中占有重要位置。同样，伊斯兰文化影响下的伊斯兰庭园，采用规则式布置，封闭建筑与特殊节水灌溉系统相结合，十字形的林荫路构成中轴线，建筑富有精美细密的伊斯兰纹饰图案和五彩斑斓的琉璃马赛克装饰色彩，园林的宗教氛围庄重而神圣。而我国传统文化的几千年沿袭，造就了自然山水园的自然式规划形式，如图 3-14 和图 3-15 所示。

图 3-14　伊斯兰风格的阿联酋阿布扎比酋长皇宫花园　　　图 3-15　受中国思想影响的日本石神井公园

3.2　园林艺术构图法则

3.2.1　园林的艺术构图法则

构图是一种布置和结构安排。画家谢赫提出的"六法"指："气韵生动、骨法用笔、应物象形、随类赋彩、经营位置、传移模写"。其中之一"经营位置"说明了构图在绘画艺术中是一门很讲究的学问。在有限的平面空间里，山川景物的布置与组合是否妥当，是否符合绘画艺术形式美感的构成规律，是否符合意境创造的需要，是一幅画成败的关键。高明的画家总是能够在界定的平面空间中通过巧妙的构置安排，给人以丰富、和谐、完整统一的美感。明代谢肇润说："市故事便立意结构"。同时代画家李日华说："大都画法以布置意象为第一"。可见构图在艺术领域的重要意义。

与其他艺术门类一样，园林形式的设计也需要一定的法则做指导，并总是能在这些法则的指导下创造出美的园林作品来。有人说园林就像一幅立体的美丽"画卷"，那么根据题材和主题思想的要求，要把想表达的园林意境通过运用山水地形、植物、建筑、道路及小品等构成要素适当地组织起来，构成一个协调、完整、优美的结构形式，确实需要人们总结出一定的美的规律。形式美的规律，即形式美的法则。

这个法则是在人们总结二维绘画艺术的构图法则基础上，对园林三维空间结构组织的艺术性指

导。根据法则，能审视在景观视点对面营造的园林情境是否具备构图上的形式美感，或是在不同角度取景时是否能获得不同的形式美的感受；另一方面，园林的艺术构图法则能衡量设计师是否可以处理好三维空间——景高、景宽、景深之间的比例关系，把实际空间的客观景物艺术性地组织和构建，并能判断设计师在景观形式、材料和色彩等多方面的综合组构能力和艺术表现控制力的能力，也是设计师打开设计思路和创意思维的突破方向之一。计成在《园冶》中讲述对山石的处理上，构图理想状态是："假如一块中竖而为主石，两条傍插而呼劈峰，独立端严，次相辅弼，势如排列，状若趋承。主石虽忌于居中，宜中者也可；劈峰总较于不用，岂用乎断然。排如炉烛花瓶，列似刀山剑树；"表明古人对掇山的构图审美上提倡多山石组合时应构建不均衡的平衡美，而反对对称居中的处理，如果构图上出现独立的山石，就要保持它独自本身的姿态美，因为它的美就如同神案上的炉烛花瓶，好似地狱中的刀山剑树。古人的浪漫情怀在园林艺术的构图审美中有所体现。

3.2.2　艺术构图法则的具体内容

如何让现代园林呈现形式美产生意境美联想呢？这里概括的法则为多样与统一、对比与调和、均衡与稳定、比例与尺度、节奏与韵律五个方面。

1. 多样统一原则

多样统一原则是构图艺术的最基本法则，几个世纪前古希腊哲学家柏拉图写下的"构图就是发现和体现一个整体中的多样化"，它简练而概括地说明了当时的人们已经把多样与统一视为构图组织的基本规律。在自然风景中，有生物也有非生物，长期以来都能形成一定的协调统一和多样变化。它们以不同的内容相互组合起来，形成各种类型的风景。如戈壁滩风景、云南元阳人工梯田奇景、黄果树大瀑布景观等，每一处之所以令游人流连忘返，是因为它们各个组成部分之间具有明显的自然的协调统一，又有大自然鬼斧神工的震撼和惊喜，才成为真正触动人们心灵的景观。

在园林设计中，统一性意味着设计元素的使用要有一定程度的相似性或一致性，给人统一和谐的感觉。部分景观十分相似或一致，会产生整齐、庄严、秩序感，但统一过度，就会觉得乏味、呆板、单调；多样化意味着创造这些元素的变化，可能存在于形体、色彩、材料质感、线条造型、体量比例、风格流派等元素内的主要成分的位置安排上。这种变化将引起游人的注意，唤起他们的兴趣，激励他们仔细观赏并得到吸引、新奇、快感。但这种多样化过度使用，会使游览者感到眼花缭乱、心情躁动不安而失去兴趣。必须在一定的秩序内、一种整体的和谐中呈现多样化。也就是说，多样之中求统一，统一之中找变化。这就是构图艺术最基本的法则。往往设计师追求变化的过程中忽略了物极必反的道理，这个协调统一的程度是衡量美的质量标准，多样与统一是在变化中显示秩序，又令人感到丰富中含有单纯，秩序中散发活泼，怎样协调多样与统一呢？

（1）形体的变化与统一。形体的运用和组合是园林设计师最基本的造型技能和手段。形体可分为基本形体和多种组合形体，那么基本形体包括正方体、长方形、圆形、三角形、梯形、四边形、五边形、多边形等，而多种组合的形体是上述的多种形体通过接触、覆盖、联合、交叉、减缺等方法形成的新组合形体。

一方面，以主体的形体主要特征形式去统一次要的部分，使主次之间的特征元素相互呼应，又能让局部形体在保持主基本特征的基础上发掘体量上、位置上、方向角度上、自身形体比例上的丰富变化。例如，著名设计师扎哈·哈迪德设计的北京望京SOHO，50 000平方米的超大主题园林，独特的曲面造型使建筑物在任何角度都呈现出动态、优雅的美感。呼应主体元素，园林的绿地造型呈现出不规则的动态自由曲线围合形体，既统一于曲元素，又局部形体变化丰富，如图3-16和图3-17所示。

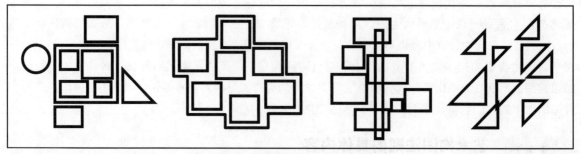

图 3-16　基本形体的几种组合变化

图 3-17　北京望京 SOHO 及主题园林，周围的绿化景观形体规划呼应主体建筑造型

　　另一方面，在群体空间中用整体系统形式去统一局部，或者以园林的控制轴线为中心来组合分布，或包容在划分的各个整体区域空间内，或沿控制线通道两侧，或环形通道放射组合等多种方式，使丰富变化的空间形体在园林的整体布局系统内或围绕整体系统有组织地呈现，如图3-18所示。

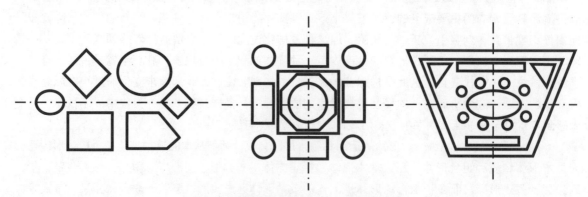

图 3-18　形体的组合变化 整体系统形式统一局部

　　（2）图案和线条的变化和统一。是指各图案本身总的线条图案与局部线条的变化与统一。要注意图案保持整体一致性，同时又要注意局部的图案变化，要注意线条的整体感，又要打破单调感。如德国索林根市政厅广场的改造设计，使严肃的政府前广场变为城市的一个生活空间，连接通道变

成了街心花园、院子变成了公共花园。为了在所有区域之间形成连贯的过渡，设计师打造出了白色和黑色的线条，使用这种直线线条作为花园的总线条图案，贯穿整个公共开放空间，这种效果使广场整体像是一个精美镶嵌的工艺品。而市政厅广场局部区域例如休息座椅、部分草坪带等则打破直线规律进行曲线变化，它们围绕枝繁叶茂的树木设计而成，为人们再次驻足停留提供了绝佳的场所，如图 3-19 所示。

图 3-19　德国索林根市政厅广场

（3）风格的变化与统一。风格是一种综合性的总体特点的体现，是识别和把握不同园林作品之间的区别的标志，它受着地理环境、历史时代、民族文化和性格、科学文化和艺术等因素发展状况的影响。这些因素相互作用，既对园林风格产生了独特的作用，又起到了协同的作用，彼此相互影响。因此，园林需要整体风格统一，来传达明确的设计语言倾向和文化艺术倾向，也需要存在一定的个性变化，以诉说不同地域文化、不同民族的性格和爱好。那么，中国园林总体上呈现的风格是自然的山水园林。皇家园林突出浑圆厚重、金碧辉煌，江南园林散发古朴清幽、别致小巧，寺庙园林追求幽深静谧、山色峻美，风景园林尽显风光锦绣，山水奇丽，而傣族的竹寨泽园与彝族的山乡风光也因园林素材不同而呈现趣之大异，如图 3-20 和图 3-21 所示。所以，在园林设计时既要注意风格、流派的统一性和明确性。南北嫁接、东西拼凑会令人感觉不伦不类。

（4）形式与功能的变化和统一。如亭、台、楼、榭、桥、廊、舫、汀等多种园林建筑形式与其各自功能在园林长期发展过程中已经有了相对稳定的规律性和默契，但形式变化多端，造型各异。园林在形式与内容的设计上也应注意统一和变化。人们在设计小型园林时，由于空间限制往往为了表达较多的东西，而追求园林形式多变，却忽略了众多园林形式簇拥园内，在功能方面是否合理，在景观节点中的作用和位置是否有助于小空间意境的营造。设计较大的风景区时，则可以根据园林空间的序幕、展开、起伏、高潮、尾声各部分的需要，因地制宜地选用较多的形式以烘托空间组织和主题的表达。例如，澳大利亚 Cranbourne 皇家植物园，采用奇特多变的景观形式试图创建一个突出植物群特性的花园，突出自然景观之间的紧张关系，来激发游客进一步探索澳大利亚植物群与景观之间的关系，如图 3-22 所示。

图 3-20　云南傣族建筑及园林

图 3-21　云南彝族山寨风景

图 3-22　澳大利亚 Cranbourne 皇家植物园，形式变化丰富

（5）材料与质地的变化和统一。质地是材料表面各可视属性的结合，这些可视属性是指表面的色彩、纹理、光滑度、透明度、反射率、折射率、发光度等。在形体简洁单纯的情况下，材料的可视属性发生变化可以带来丰富的视觉感受。在同一种材料表面，肌理粗糙与细腻、质地柔和与光亮、色彩淡雅与艳丽，能形成空间领域感，远近、强弱、大小等的强化透视感或奇妙的空间错觉，并能增强韵律和动态效果。而在形体复杂矛盾的情况下，统一材料的某些可视属性，可以协调矛盾元素，使空间既丰富又和谐统一。例如日本在熊本县菊池市计划建造一系列袖珍公园（KIKUCHI POCKET公园 1 期），设计师以城市中的人们也能坐在"石块"上歇脚的主题理念，水池、凉亭、汀步、座椅、石凳等设计形成各种不规则的多边多面石块体，使日本传统枯山水高度精炼概括的手法与现代

简洁纯净的白色风格结合，以白色、银色、透明色、金属色等的光亮色调统一全园，且利用反光金属、透明玻璃、清澈闪光的池水等材质的奇妙变化，创造出了一个童话般的石块小公园，如图 3-23 所示。

图 3-23　日本熊本县菊池市的袖珍公园

（6）花草与树木的变化和统一。在园林的各要素中，花木是最富于变化和趣味的。厦门五缘湾生态湿地公园，以已有的水栖和湿生植物带、水生植物群落、芦苇及湿地区域植物群落为基调，并种植上台湾相思树、木槿、银合欢、睡莲、红树林等植物，据统计，其常绿苗木就将近 40 种，包括耐盐碱类的苗木，如常绿乔木芒果、黄槿、木麻黄、人心果、桂竹；落叶乔木刺桐、桑、旱柳、苦楝、刺槐、紫穗槐等，还有耐水湿乔木，如湿地松、垂柳、枫杨、棕榈、夹竹桃、榕树、池杉、水松、落羽杉、重阳木、墨杉等。此外，还有榄仁、橡皮树、高山榕、菠萝蜜、龙眼、荔枝、海南红豆等。其多样性不言而喻，虽然花木种类众多，但整体放眼，繁花点点，绿影婆娑，白鸟濯濯，美不胜收，全无杂乱之感。园林的树种和布局形成了多样统一的局面，如图 3-24 所示。

图 3-24　厦门五缘湾生态湿地公园

（7）整体与局部的变化和统一。美国设计大师约翰·O·西蒙兹认为："园林中各局部的视觉协调才能给人以视觉美，各局部的功能上协调才能产生功能美。"强调了局部与整体的统一和协调，对园林美的塑造起重要作用。一方面，应以独特新颖的景观立意，创造出变化多样的局部区域景观，但局部景观创意也要在景观设计总体规划方案的主题理念之下构建。例如，2010 年上海世博会确立了"城市让生活更美好"的主题，并提出了三大和谐的中心理念，即"人与人的和谐，人与自然的和谐，历史与未来的和谐"。在这个主题下，设计者对世博园的规划设计中，把绿色和智能建筑技术作为基础技术平台，希望通过这个尝试，获得更有效的绿色环境的建构模式。而德国在城市最佳实践区设计了水畔都市——"汉堡之家"，高科技环保的建筑及景观，突出了德国对"和谐"之理解，英国馆的由 6 万根蕴含植物种子的透明亚克力杆组成的巨型"种子圣殿"，震撼世界，并将生命含义通过"绿色城市"、"开放城市"、"种子圣殿"、"活力城市"和"开放公园"景观空间连续展示，最终升华到三大和谐的总理念，如图 3-25 所示；另一方面，园林的规划设计要对周边环境包括区位环境、交通环境、商业环境、居住环境、自然环境等整体环境进行分析和联系性思考，因为园林存在于整体环境中，无论是郊区田野还是城市绿地，都是连成一片的整体，需要与四周和谐融洽，相互促进。如果没有远处的北寺塔，就没有拙政园中以借景的造景手法而著名的两处景观，一处是在中花园倚虹亭看园外北寺塔，这是借景中的远借——倚虹亭和北寺塔相距六百米，这里看到的宝塔是实体；还有一处便是借水景而成的塔影亭，在西花园，看到的宝塔是虚体，适合近观。有亭有影，就如曲终遗音余韵不绝，让人回味。这两处景观手法，都是传统借景艺术的杰作，让人产生丰富的联想，留下深刻的印象，如图 3-26 所示。

左图为德国汉堡体验馆"汉堡之家"，右图为英国馆"种子圣殿"

图 3-25　上海世博园中的建筑

左图为东园倚虹亭借景，右图为西园塔影亭借景

图 3-26　苏州名园拙政园

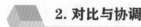

2. 对比与协调

（1）对比

对比是将风景或景观构图中具有明显差异、矛盾和对立的两方面安排在一起，进行对照比较的表现手法。园林形体、色彩、质感等构成要素的矛盾和差异，是设计呈现个性化的基础。使景观的形体（平锐、曲直、波折、点线面体）、量（大小、长短、宽窄、厚薄）、方向（高低、纵横、左右、前后）、材质（粗细、软硬、轻重）、色彩（淡艳、明暗、冷暖）等的本质特征得以凸显，并形成相辅相成的比照和呼应关系。对比是调动游人的新奇感的一种方法，可以加强园林的艺术效果和感染力。

1）空间对比

中国古典园林非常重视空间的对比，比如讲究"欲扬先抑"等。所以，园林景物的空间对比到调和统一，是一种空间差异程度的变化。

像《桃花源记》中描写的一样，皇家园林颐和园从入口到中园景观高潮的处理，是空间对比的一个佳例，将壮阔的山水宫苑变成了波澜起伏的动态乐章。初始，远望宫苑正门，平阔广场上矗立了一座三间四柱七楼的高大牌楼正对宫门，此牌楼名为"涵虚"，有太虚幻境之含义，高大的树木和红墙黄瓦使园内春色全然掩蔽，让人充满了太虚之幻想（由此点开了颐和园山水的"序曲"），如图 3-27 所示；过宫门，院落小巧且封闭，松木茂盛，绿荫环抱下的仁寿门开门却见山，巨石耸立，屏障了里院内风景。过门进院，忽然院落广阔，绕过巨石，见主殿坐西朝东，高大而威严，环视院内四角，各一块色暗孔奇之石峰，与中锋共成"峰虚五老"之仙境。铜神兽列于正殿前，侧殿左右簇拥（空间从平坦到封闭再到半封闭、由大至小再大的变化，不禁使人好奇暗中心生），如图 3-28 和图 3-29 所示。过殿旁小路至延年井，略见山石小景。探入北侧德和园，四进院落，看戏廊围合内有 22 米高的翘角重檐三层大戏楼，气势恢宏，庄严雄峻（视觉震撼顿激起游人对宫墙内山水园的强烈向往），如图 3-30 所示；续行入小宫门，忽然一个开阔豁达的主庭院呈现在眼前，乐寿堂坐北朝南，殿前仙鹤仙鹿群列，名花满院，院中一块巨石青芝岫为宫门内照壁，绕过巨石院墙，众漏窗可隐现昆明湖之秀美。突现主庭院雍容华贵、开阔豁达、花香四溢，令游人无不赞叹惊喜（观览欲望高度蓄积）；顺院西邀月门，可见廊道漫长深远，膏粱锦绣，但踏入长廊，视野突然无限放大，烟波浩渺的昆明湖，映入眼帘，所见令游人惊叹不已。廊柱与栏杆构成一个个连续景框，行走中使眼前壮阔的湖光山色就像展开长长的动态画卷，移步异景，妙不可言（空间骤然增大，平视横览，景观渐入高潮），如图 3-31 所示；中至排云殿，仰望山顶佛香阁，高阁被巨大殿门和绿树屏蔽，却不能观其全身（仰视），遂登爬山长廊和数级台阶，终登全园之顶，阁高耸入云（仰视）佛香缭绕，如图 3-32 所示。放眼望去，昆明湖如翡翠般的晶莹剔透，湖中碧波万顷、玉带飘摇、蓬莱隐现，低头俯视宫殿金光灿灿，院舍俨然，树冠茂盛，郁郁葱葱，满园湖光山色尽收眼底，美不胜收（俯视、远眺全览）。山水园之魅力因此得到完全释放，这正是空间对比的艺术效果，如图 3-33 所示。

造园师运用先抑后扬的手法，使空间大小、高低、宽窄等发生对比和变化，并利用园林装饰和建筑的形式、等级变化加强对比，使整体园林在空间布局上构成强烈的反差。空间初始部分使树木高密遮挡入口，视线较为封闭，路中狭长曲折、建筑密集、院落幽深而穿行复杂，而湖园内水域极大广阔，高阁拥翠，廊桥亭舫，雕梁绣柱，并有效运用空间流动方向的对比和视线方向的对比，激发游览热情，主游览路线：西→北→西北→西→北，视线：平视→环视→仰视→环视→平视→环视且远望→仰视→远眺环视及纵览俯视。由于景观空间设置巧妙，游人也经历了好奇驱使、欲望压抑、初遇惊喜、体力消耗、终得所愿、喜出望外的戏剧性过程变化。

左图为入口广场的"涵虚"牌楼，右图为东宫门入口

图 3-27　中国皇家园林颐和园

图 3-28　颐和园仁寿门，由此进入皇家政治活动区　　　图 3-29　颐和园以仁寿殿为中心的建筑庭院

图 3-30　颐和园中以乐寿堂、德和园、宜芸馆、玉澜堂为中心的皇家娱乐生活区

左图为乐寿堂西的长廊起点邀月门，右图为观景长廊起点邀月门内

图 3-31　颐和园

左图为从排云门仰视排云殿、佛香阁，右图为从长廊远望昆明湖

图 3-32　颐和园

图 3-33　从佛香阁前鸟瞰昆明湖

　　精致小巧的留园入口至中园设计也是造园家运用对比方法成功的体现。与皇家园林空间宏达震撼相比，私家园林虽然面积狭小，略感局促，但运用对比的方法，可使空间变化更具丰富性、景观设计更具新奇性和想象空间。

　　2）体量对比

　　对比是针对与周边环境相互联系的状态而言的，同一个物体，放在不同的环境里感受也会不同。放在空旷的大环境中会显得小，放在拥挤的小环境中会显得大。孤立的景观没有视觉的刺激和比较，无所谓高与矮、大与小，甚至美与丑，景观效果是平淡的、乏味的。北京故宫的太和殿通高 35.05 米，它却比罗马万神庙建筑上的穹顶还低 8.25 米，建筑面积不到法国凡尔赛宫的 2.2%，但其呈现的宏大雄伟、威严尊贵，后人无不被之震撼，原因就是古人巧妙地运用了体量对比的方法，实现了皇家建筑必须具备的"之最"地位。太和殿的地位决定了它是紫禁城内体量最大、等级最高的建筑物，故所有其他建筑依次按等级必须体量递减，这种建筑体量对比的运用，达到了强烈凸显皇权至高无上的目的，如图 3-34 所示。

左上图为罗马万神庙，右上图为法国凡尔赛宫，下图为中国故宫太和殿

图 3-34　通过与周边环境对比，使体量实际的大小与视觉上的效果不同

《园冶》中对"池山"这一则指出，掇山的对比运用"池上理山，园中第一胜也。若大若小，更有妙境。" 中国古典园林里也主张在方寸之地，咫尺山林之中，表现多方胜景，运用以小见大、以小观大的对比手法。在理水的构图上，用隔、掩、破等方法将水面划分成不均等的大小部分，大的水面宽阔开朗，小的水面曲折隐秘，二者对比更反衬出大的水域更加辽阔，使原本狭小的园林面积似乎出现了宽敞开朗的视觉效果。拙政园的西园就是以池水为中心，有曲折小水面和中区大池相接。

3）方向对比

在园林的形体、空间及立面处理中，常利用水平和垂直方向的对比，以丰富园景。如在空旷平坦的大空间里，高耸的独立物体的垂直感与平坦空间的水平感形成强烈对比，使物体显得尺度特别高大。例如，东西宽 500 米，南北长 880 米的天安门广场同总高将近 38 米的人民英雄纪念碑对比强烈，使纪念碑具有强烈的庄严、震撼之感。同理，空旷草地上孤植的大树也更显参天伟岸。另外，园林建筑中的垂直方向构件——承重立柱与梁、枋、挂落、隔扇、美人靠等水平方向构件，山与湖池，乔木与绿篱等，也都是运用了水平方向与垂直方向对比的方法，如图3-35所示。

左图为人民英雄纪念碑，右图为中国古典建筑回廊

图3-35　水平与垂直方向对比

4）疏密对比

在园林设计中，各造景要素在布局上总是要求疏密得当，尤其在自然式园林中，疏与密之间的恰如其分的对比关系，是设计成功的关键之一。我们从疏可走马，密不透风这一布局原则中就可看到在自然式园林中疏密对比的强烈程度，即使是仅有三棵树的种植，也要两棵靠拢，第三棵远离，来强调疏密之间的对比，创造出自然优美的园林景观。

从古典园林的建筑布局和景点设置上也体现了疏密对比的原则。例如江南第一园林拙政园就呈现疏密自然的布局效果，在景点布置上以纵向的五条景观轴线为例，其中，中园两线为全园主要景观轴线，其他为次要景观轴线（西园一条、东园两条轴线）。以宜两亭、别有洞天为联系纽带，中园其一线与西园线靠近，两线汇集成为全园景点最密集的区域，中园另一线与东园线交相辉映，东园的布局保持疏朗明快的田园风格，景观布置相对疏散。从东至西依次为：东线1包括"兰雪堂"、"芙蓉榭"、"天泉亭"、"秫香馆"；东线2包括"放眼亭"、"涵青"等；中园1线有"绿绮亭"、"待霜亭"、"枇杷园"、"玲珑馆"、"嘉实亭"、"听雨轩"、"梧竹幽居"等众多景点；中园2线包括"远香堂"、"荷风四面亭"、"雪香云蔚亭"、"见山楼"、"别有洞天"、"香洲"、"玉兰堂"等景观；西园线包括"塔影亭"、"留听阁"、"浮翠阁"、"笠亭"、"与谁同坐轩"、"宜两亭"等景观，这些景观轴线上的景点相互联系，有聚有散，有疏有密，高低错落，疏密有度的景观群布局如同天上散落下来的花瓣一样自然美丽，充分体现了中国古典造园追求自然的审美观，如图3-36所示。

5）虚实对比

园林中的虚实往往是指实景（山水、泉石、树木、花卉、建筑和构筑物等景观要素）与虚景（声、光、影、香、气象等环境要素）。但这种对比关系是相对的，因为当场景中的山石为实，那么树木花草必相对为虚；白墙为实，精美的漏窗便为虚；建筑室内空间为实，而门外框景来的如画山水小品则为虚；园内风景为实景，那远山、浮云、古塔、夕阳以为虚景……密林与疏林或草地形成对比，山与水也形成对比。虚给人以轻松缥缈感，实给人以厚重敦实感，运用这些对比寻求变化，使人不禁感叹："莫言世上无仙，斯住世之瀛壶也"。所以，园林布局应注意实中有虚，虚中有实的对比和统一的变化，如图 3-37 所示。

古典园林里常用的虚实对比手法莫过于水中倒影之妙境。名列西湖十景的三潭印月，岛荫凝秀，尤以仲秋时节空中月、水中月、塔中月与赏月人心中各有寄托的"明月"上下辉映、神思遄飞而向为秋游者所必到，此为我国江南水上园林运用虚实对比手法的经典之作。

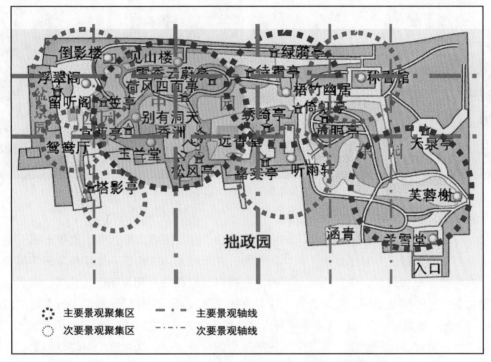

图 3-36　苏州名园拙政园景观轴线与景点分布关系图

图 3-37　杭州"西湖十景"之一的三潭印月

6）动静对比

园林可采用动势和静态对比的造园手法，可以发掘环境因素对景观产生的动态变化，如四季、气象、阳光、风雨等的变换和交替，使四时之景各不相同，妙趣横生。云南大理州崇圣寺三塔公园名入我国历史文化重点保护之列，园内三塔布局齐整且成鼎足之势，高耸蓝天，庄严静美，细腰赤足。然微风吹过，聚影池水面波光闪烁，塔影摇曳悠悠，树影婆娑，丰姿绰约，而水面静止，塔影静衬变化万千的白云，仿佛镜中之幻境，带给人们意想不到的惊喜。另外，这种动中有静，静中有动的手法给庄严静谧的历史文化公园增添了景观情趣和生机，如图 3-38 所示。

图 3-38　云南大理州崇圣寺三塔公园风起与平静呈现不同的景象

7）色彩对比

色彩可分为无彩色和有彩色两大类。前者如黑、白、灰，后者如红、黄、蓝等七彩。往往需要两种以上色彩组合才能产生对比效果。例如，在同一片草坪上，红色花卉比紫色花卉容易引起游人的注意，白色雕像更为醒目，使主题十分突出。色彩对比便是在色相、明度、纯度、补色、冷暖、面积、黑白灰以及空间效果和空间混合等方面形成的色彩反差。如红绿、黄紫、橙蓝，或玫红与草绿、土红与天蓝，或蓝绿、黄橙、青紫等多种多样。反差越大对比越明显，视觉效果越强烈、眩目，容易吸引眼球，但过多运用会使人眼花缭乱，产生烦躁、不安感；反差越小对比越微弱，视觉效果越柔和，适合做大面积景观或背景衬托，同样，使用过多，随着游园进程会使人慢慢失去游园热情。故造园师们应从人对色彩的知觉和心理效果出发，根据园林的思想主题，恰如其分地运用色彩对比，增加人们的愉悦和享受，如图 3-39 所示。

图 3-39　左图为屋顶花园的色彩对比，右图为植物色彩对比

大自然给了我们五彩斑斓的世界，园林是一种艺术，本应源于自然，也高于自然。姹紫嫣红、浮翠流丹、流光溢彩，赏之情趣盎然。如"绿荫中的红飘带"秦皇岛汤河公园，"红飘带"这个具

流动飘逸感的人工走廊，代表了城市最强烈的活力元素——红色，与代表自然界最强的生命元素——绿色，二者形成鲜明对比，万绿丛中的一丝艳红飘逸、鲜艳，且与木栈道一起串联了沿河的各个景观区，舞动的红色指引丛林的方向，人随景动，景随人移而异。阳光穿过树林，洒满田野、河岸，树荫下清凉宜人，舒爽恬静，这个绿色生态走廊成了漫步者的天堂，如图 3-40 所示。

图 3-40　秦皇岛汤河公园，以"绿荫中的红飘带"为主题的滨河景观设计

8）质感对比

园林设计重视材料的自然特性，如硬度、色泽、构造，并通过凿、刻、塑、磨等手段处理加工，运用表现光影、色泽、肌理、质地等质感因素，巧妙地传达纯粹材料的自然质感的美感和审美引导的人工质感的美感。园林中凹凸的卵石镶嵌铺地与光滑的大理石之间，粗糙的树皮与嫩滑的草坪之间，皱怪的山石与光洁的水面之间，细腻的阳光和斑驳的阴影之间，这些存在的质感对比要素，的确让游人能强烈地感受到自然和人工完美结合的园林艺术，如图 3-41 所示。

在园林的铺装设计上，可以运用质感对比，划分平坦地形、道路等级、路缘；质地细腻、尺寸小的景物有退缩感和距离感，将其布置在远端可以使空间产生视觉上的扩大效果；精心修剪过的草坪、苔藓，质地细腻反光性好的地面和墙面等也可产生空间的开阔感。

9）布局对比

建筑布局、绿化布局、水域布局、平地或坡地布局、山石布局在整个园区所占的比例关系和形成态势，影响着园林的功能合理性、生态性及观赏性、趣味性。这些人工设计的形象与天然山水风景构成的自然形象之间，本身就是一种明显的对立关系，造园时应考虑合理地处理好这种关系，并利用这种关系打造赏玩趣味丰富的园林空间。如大型皇家山水园——颐和园，整个园林艺术布局巧妙，对比鲜明亦和谐统一。以佛香阁为中心，组成巨大的规则对称的主体建筑群。万寿山南麓起自湖岸边的云辉玉宇牌楼，经排云门、二宫门、排云殿、德辉殿、佛香阁，终至山巅的智慧海，形成了一条层层上升的中轴线。佛香阁为中心的主体建筑群踞山面湖，统领全园的布局方式，与万寿山及南面昆明湖的自然式布局形成了对比。另一方面，东部皇家政治、生活区的建筑布局集中，院落幽深，与风景游览区（万寿山、昆明湖为主）自由、壮阔的自然山水布局也形成了鲜明的对比；再一方面，全园占地约290公顷，昆明湖约占全园面积的3/4。总建筑面积70 000多平方米，仅占全园约0.24%，大面积的自然山水风光与少量的建筑布置形成鲜明对比，突出了皇家气势恢宏的自然山水的主题，如图3-42所示。

（2）协调

实际上在园林中，在运用对比方法突出主体景观，增强视觉效果时，还需要设计师通过把握事物和现象之间的关系保持和谐一致、配合得当，达到完美和谐和多样化的统一的园林境界。造园时协调的表现是多方面的，如形体、色彩、线条、比例、虚实、明暗等，都可以作为协调的对象。景观的相互协调必须相互关联，而且含有共同的特征属性或元素，一般协调可分为以下几方面。

（1）相似性协调。如形状相似而在体量上、排列上有变化，成为相似协调。当一个园景的组成部分重复出现，如果在相似的基础上有变化，即可产生协调感。例如，大小不同的圆形水池不规律地布置组成的水景观，大小不同的方形组成的汀步等，如图3-43所示。

图3-41　园林景观的各种质感对比

图 3-42　颐和园水平与垂直方向的园林布局对比

左图为圆形大小布置的变化，右图为方形大小、聚散布置的变化

图 3-43　相似性协调的运用

　　（2）近似性协调。如两种近似的形体重复出现，这种方法可以使两种近似形体相互呼应，变化更为丰富并有协调感。如方形与长方形的变化、圆形与椭圆形的变化都是近似性协调，如图 3-44至图 3-47 所示。

图 3-44　建筑立面长方体变形组合的近似协调

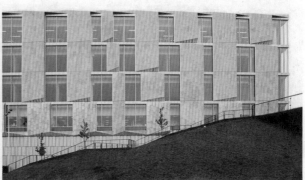

图 3-45　建筑长方形窗产生宽窄变化的近似协调

图 3-46　修剪植物椭球体随外轮廓而变化的近似协调

图 3-47　长方形地面铺装长短、聚散变化的近似协调

以上两种方法比较起来，后者更为常用且富于变化。人工景观和自然景观中都有许多近似协调的例子。自然景观中，一重重山峰前后交错，高低错落，云雾缠绕，云之缝隙间只见小路随峰蜿蜒曲折，向上攀缘，渐渐伸向远方的情景被画家和造园师无数次浓缩在作品之中，这种山之重重交错，行云飘逸缭绕，路径弯曲回肠的景观是近似协调一种体现，"峰回路转"的魅力使人欣赏大自然的姿态美，并对协调统一的曲空间之深远充满了想象。再如，园林建筑中的立面（窗、柱、墙）、景观绿地设计等很多都能用近似协调的方法给设计增加个性化处理，又起到和谐统一的作用。

（3）局部与整体的协调。可以表现在整体风景园林空间中，局部节点景观与整体的协调。也可表现在某一景观的各组成部分与整体的协调。例如，园林中每个广场都有自己的小主题创意，布局形式和色彩、造型都有自己的个性，但这些个性变化应与整体风格特征相协调。各景点自说自话、互相争奇斗艳的园林，会降低园林的艺术品质。

3. 对称与均衡

"艺术与科学，都是对称与不对称的巧妙组合。"对称是美，不对称也是美，《分形艺术》中指出"单纯对称和单纯不对称都是单调。一个对称的建筑只有放在不对称的环境空间中才显得美，反之亦然。"

（1）对称均衡（静态）

对称指图形或物体两对或两边的各部分，在大小、形状和排列上具有一定的对应关系。对称的均衡和稳定，无论是什么样的构图形式，皆以对称的均衡求得统一。对称的强烈的规则性意味着秩序、统一，对称式构图具有平衡、稳定、相呼应的特点，且具有简单、静态感。但缺点是让人感觉呆板、缺少变化。在表现严肃性主题时，常采用对称构图，用于表现对称的物体、建筑、特殊风格的物体。

西方对对称的形式美情有独钟，毕达哥拉斯曾说"美的线条和其他一切美的形体都必须有对称的形式。"人体是对称的，对生叶片、雄狮、飞鸟、水中鱼等生物形体也是对称的。人们肯定了自然界存在的这种具有规则性的稳定的对称美，西方人一方面欣赏它的自然性，另一方面追求它的准确性。而中国虽不像西方人从几何和数学角度对建筑、景观、园林如此狂热于使用对称，但对称美源于自然亦道法自然，中国古典园林的道法自然对称之美，无论是宫殿、庙宇、宝塔、桥梁、楼台亭阁等几乎都考虑到"对称"这一美学法则。就是因为"对称"能予人一种平衡感和稳定感，进而寓意家庭、生活、信仰的稳定和长久期盼，这反映了人们在审美实践中的一种普遍的心理要求。

中轴对称。中轴对称就像窗花一样，园林中把一个图案或形体沿着某一条直线，并能够与直线另一端的图案或形体重合，称这两个图案或形体的位置关系为中轴对称。生活中植物的对生叶片、道路两旁的行道树、天安门城楼等都是中轴对称形式的体现，如图 3-48 和图 3-49 所示。

图 3-48　西方规则式园林的中轴对称

左图为扬州瘦西湖"二十四桥明月夜"，右图为苏州藕园的"山水间"

图 3-49　中国自然山水园的中轴对称

　　中心对称。中心对称是把一个图形或形体绕着某一点旋转 180° 后能与自身重合，我们把这种形体位置关系称为中心对称。如中国传统建筑装饰中的藻井和纹样，圆形或多边形的组合喷泉、中心广场等，如图 3-50 所示。

左图为中国古典园林建筑的藻井，右图为迪拜默罕默德·宾·拉斯德花园城市规划慈善之家

图 3-50　中心对称的运用

　　（2）非对称均衡（动态）

　　非对称的均衡较为自然，会随着因素的增多而变得复杂，具有动态感。故非对称喻示着自由、多样。更多的造园家喜欢采用非对称布局来表现自己的创造力。非对称布局中，形与色的分量通过偏离中心轴线得以补偿，取得平衡。例如自然式植物种植设计时，应上轻下重，花朵（花蕾）小的在上，花朵大的在下，枝叶小的在上，大的在下，花朵色彩淡的在上，色彩深的在下，这样的景观才显得均衡、自然，有生命力。

　　非对称均衡有以下几种类型的创作方法。

　　构图中心法：在群体景观中，有意识地强调一个视线构图中心，使其他部分均与其取得对应关系，从而在总体上达到均衡感。

　　杠杆均衡法：又称动态平衡法。根据杠杆力矩原理，使不同体量或重量感的景物置于相对应的位置而取得平衡感，如图 3-51 所示。

　　惯性心理法：是一种运动平衡法。人们在生活中习惯了重心感，若主要景物重心产生偏移或倾倒，则必然出现动态倾向，需要另一景物与之协调弥补失衡状态，以求得新的平衡，如图 3-52 所示。

　　（3）色彩、质感、形式的视觉均衡

　　同样面积、同样性质的景物，由于色彩所获得的感受也不同，暖色调比冷色调重；相同色相的景观，明度高的比明度低的感觉重；反光强烈的比亚光材质的景物显得轻盈，质地柔软的材料比粗糙的材料显得轻。相同面积的物体，实的比镂空的或点、线排列的感觉重，三角形比圆形、方形轻巧，圆形又比方形显得轻。为了避免设计中出现类似头重脚轻、摇摇欲坠等失衡的情况，需要考虑色彩、质感、形式等视觉要素带来的视觉心理，如图3-53至图3-55所示。

图3-51　南斯拉夫纪念公园中被遗忘的纪念碑　图3-52　日本庭院中的植物设计　图3-53　色彩面积和冷暖色调的平衡

图3-54　现代方形庭院内的布局形式平衡　　　图3-55　水面与植物、磨砂地面三质感的平衡

　　总之，非对称均衡没有明显的对称轴和对称中心，但具有相对稳定的构图重心。园林布局的稳定表现在园林建筑、山石和园林植物等上下、大小所体现的轻重感。如园林建筑的勒脚一般采用深色或粗石的表面处理，以上部分选用光洁或明度较高的色彩，重心在下，给人以稳定感；地面堆突起的山坡植松柏，相反可以在地面挖凹池，池中设岛，水边种花木，在保持山水地形达到协调平衡的同时，表现了某种动态，构成独特的美。园林廊架、小品也常常运用非对称的均衡手法，增强景观的生动性，调动游人的观赏热情，丰富园趣。

4. 比例与尺度

（1）比例

　　园林艺术构图中的比例不同于工程制图严谨的线性尺寸的比例含义，而是一种人感觉上的、精神上的审美概念。就园林设计而言，比例是指景物之间的长、宽、高的对比关系，或指局部景物与园林景观整体之间的关系，如园林地形中，某山坡的坡长和坡高之比是2：1，陆地面积应占全园总面积的2/3～3/4等。因此比例只反映景物之间或景物与整体之间相对数比或量比关系，而不涉及具体尺寸。年轻的设计师常会遇到一些比例问题，如在别墅旁种植香樟，现在的比例尺度可能视觉上基本和谐，但如果忽略了树木的生长对未来景观的影响，会使树体与别墅的空间比例关系严重失调，故在植物选用上要经过细致思考以适合协调的景观比例。所以我们需要总结研究比例的种类和作用，常用的比例如下。

（1）黄金分割比。这是一种数学上的比例关系，比值为 1.618。它是人们在自然生存过程中，发现的自然界中美的结构，体现了人们对这种结构进行的深刻、理性的认识。正因为它在建筑、艺术科学等诸多领域中有着广泛而重要的应用，所以人们才珍贵地称它为"黄金分割"。它具有严格的比例性、艺术性、和谐性。公元前 6 世纪古希腊的毕达哥拉斯学派研究几何图形时就触及了黄金分割比研究，而后人们把它的比例特性用在艺术创作中，采用这一比值能够引起人们的美感，具有极高的美学价值。建筑师们发现，按这样的比例来设计殿堂，殿堂更加雄伟、美丽。例如，建筑物中一些线段的比就科学地采用了黄金分割，古希腊巴特农神庙是举世闻名的完美建筑，其立面高与宽的比例为 19 比 31，极为接近黄金分割比。印度泰姬陵、中国故宫、法国巴黎圣母院也都运用了这一完美比例，如图 3-56 所示。

（2）人体模数比。现代主义建筑大师勒·柯布西耶从研究人的各部分基本尺度和比例关系，进而形成建筑设计的模数系统。假设一个人身高 1.83 米，手臂上举后指尖距地面约 2.26 米，肚脐距地面 1.13 米。2.26 和 1.83 的比率同黄金分割比接近；这三个数字的间隔 2.26-1.83=0.43，1.83-1.13=0.70，即 0.70 和 0.43 之间，1.13 和 0.70 之间的比值都近似于黄金比。建筑师将人体本身完美的数字关系体现在建筑上，同时也满足了对人体的适应性研究，如图 3-57 所示。

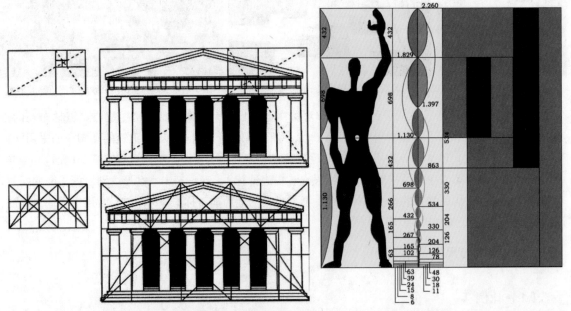

图 3-56　古希腊帕提农神庙外立面跨度和高度之比接近黄金比　　图 3-57　建筑师勒·柯布西耶对人体的尺度和比例研究

柯布西耶运用模数比控制划分空间，设定一个长度作为模数基准，空间中所有长度都以该基准的倍数设计，形成了模数制的空间换算。例如，萨伏耶别墅的平面布局，设定基准模数为 1.25。根据比例计算，定出正方形平面长和宽各 4 等分后成网格状平面，网格间距模数是 4.75，建筑承重柱为正方形四边等分点和内部网格交点：5×5 个，利用对角线确立中心坡道位置和宽度模数为 1.25，坡道的长度为网格的 1/2，休息平台的长度为网格的 1/4，可以基本完成一层平面布局。包括马赛公寓、昌迪加尔、圣迪埃工厂乃至朗香教堂的平面布局设计，模数系统都不同程度地发挥了其比例控制的效用，如图 3-58 所示。

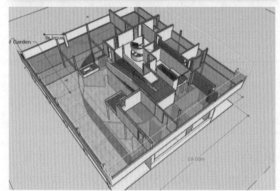
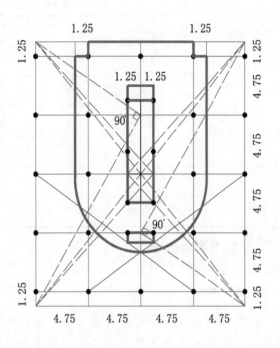

左上图为别墅实景照片，左下图为一层、二层草图模型分析图，右图为一层平面几何分析图

图 3-58　建筑师勒·柯布西耶作品萨伏耶别墅

园林艺术作为更综合的艺术形式，与人的关系十分密切，利用人体模数比进行设计，从整体上既可以科学合理地划分平面布局和景观设置，又能随时根据变化调控方案，提高设计效率。具体到门窗、道路、台阶、座椅、植物、灯具等方面都需要根据人的高度、肩宽、两手臂活动范围、步幅长度、视线高度等运用比例协调，作品才能满足人的功能要求，人们才能充分享受设计带来的园林优质生活。

（3）整体分割比。这是指景观整体中的各部分之间的数的比例关系，但它们组合起来反映的是整体的和谐美。即数列的组合符合比例，具有匀称感、静态感。例如，古希腊巴特农神庙山花墙下的梁板结构的各部件从下至上顺序呈现的结构比例关系——梁板：楣心板：三垅板：瓦当板：瓦丁 =1∶2∶3∶4∶8；又如 2∶3∶5 等平面的构成具有秩序感、动态感。现代设计风格简约明快，这些整体分割比在现代设计里运用较为广泛。

（2）尺度

园林中的尺度是指园林空间中各组成部分都具有一定的自然尺寸，并在各组成部分之间，以及部分与园林整体尺度之间进行的一种审美比较，及其这种比较之后的关系状态给人的感受。

（1）标准尺度。一般要求景物或设施的大小应符合人的使用习惯和满足功能的标准度量，如台阶的宽度不小于 300 毫米，高度为 120～190 毫米，栏杆、汀步常用的间距为 100 毫米，园路 1200～1500 米较合适等。

（2）特殊尺度。有时为了获得某些特殊感受，也可适当缩小或放大尺度，如在园林中的人工造景尺度超越了人们习惯的尺度，可使人感到雄伟壮观，相反则可使人感到小巧紧凑，自然亲切。当然，放大或缩小尺度都有一个限度，过分的处理反而会得出不好的效果。如表 3-1 所示。

表 3-1　园林景物尺度与人视觉尺度感受的关系

尺度比例关系	视觉尺度感受
1：1	具有端正感
1：1.68（黄金比例）	具有稳健感
1：1.414	具有豪华感
1：1.732	具有轻快感
1：2	具有俊俏感
1：2.236	具有向上感

5. 节奏与韵律

（1）节奏

节奏狭义的理解是音乐之中交替出现的有规律的强弱、长短的现象。实际上，节奏源于自然。大自然本身就上演着美妙绝伦的节奏盛典，万物生息流转的均匀、有规律的进程就是自然命运的一种节奏。人呼吸、心跳、脚步声是节奏，四季变幻、日月更替也是一种节奏。人们从水滴落山洞的声音，鸟儿鸣叫的旋律，海浪拍打岩石的声响等自然音律中汲取营养创作音乐，也从大山的层峦叠嶂、戈壁的起伏波浪、江河的九曲回肠等视觉美中，寻找到了设计艺术的规律性节奏共鸣。从园林设计角度看，节奏是设计元素呈现的一种包括形式（点、线、面、体）、结构、质感、色彩等有规律的、连续进行的组织形式，是艺术美、园林美之灵魂。

（2）韵律

韵律是节奏的规律，是构成系统的诸元素形成系统重复的一种属性，也是使一系列大体上并不连贯的感受获得规律化的最可靠的方法之一，而且由于这种对规律性的潜在追求与把握，使人们能将音乐与园林两种不同的艺术门类联系在一起。园林构成要素诸如建筑、水体、植物、地形等形式的重复、运动的线，使得各种景观形象比例均衡、错落有致、和谐统一，产生出强烈的美的韵律魅力。韵律是构成形式美的重要因素，是人类特有的抽象思维和创造力的表达，尽管园林之初也是对自然景物的模仿，但这种模仿是高级的抽象和创造。

（1）连续韵律。这是一种构成元素有组织地连续使用和重复出现而产生的韵律感。例如，笔直的园路两旁行道树的线性排列，广场层层的台阶、园墙上连续的漏窗、栏杆或长廊，都是连续的、重复的韵律，另外，中国皇家园林建筑连续的斗拱与柱的组合排列，檐椽和飞椽上的彩绘，一个个瓦当也形成了连续的韵律，如图 3-59 和图 3-60 所示。

（2）渐变韵律。园林的某些组成部分运用体量大小、高低宽窄、位置布列松紧、色彩的冷暖或浓淡、质感的粗细或轻重等做出规律性的增减或变化，形成统一和谐的、韵律变化的视觉效果。中国佛塔的造型就是渐变韵律的示例。例如，云南大理崇圣寺正前方矗立的三座似蛇骨形的方塔，塔身设计就是运用塔檐和塔身的重复与变化而形成的渐变韵律，还有西安大雁塔、小雁塔，滕州龙泉塔等。北京卢沟桥桥孔的跨度设计以及颐和园内十七孔桥的桥孔设计都采用了渐变韵律的原理，如图 3-61 所示。

图 3-59　植物规则行列种植运用连续韵律

图 3-60　滨水广场高差地面运用连续韵律

左上图为草坪台阶运用大小的渐变，下图为颐和园十七孔桥桥孔运用高低渐变

图 3-61　渐变韵律

（3）交替韵律。由两种以上因素交替等距反复出现的连续构图。例如，两树种的行道树，两种不同花坛交替等距排列；一段踏步与一段平台的交替；植物拱廊的拱孔形成框景与植物廊柱形成一景一柱的交替的韵律和节奏；中国自唐代起建筑屋顶的瓦当与滴水的交替排列，组合形成了具有二

方连续的韵律感，这些韵律的处理手法既满足功能需要，更增添生动趣味，如图 3-62 所示。

（4）交错韵律。运用各种造型因素，如体型的大小，空间的虚实，细部的疏密等手法，进行有规律的纵横交错、相互穿插的处理，一隐一显，形成一种丰富的综合韵律感。简单的交错韵律由两种组合要素作纵横两向的交织、穿插构成；复杂的交错韵律则由三个或更多要素做多向交织、穿插构成。例如，体育园林中场馆建筑的顶部网架拱面结构具有交错韵律感；地面铺装不同品种、不同色彩、不同质感的石材拼接的交织的四方连续图案，中国古建筑上的天花藻井结构和彩绘也具有穿插的韵律美，如图 3-63 所示。

左上图为地面铺装与草坪的交叉，左下图为瓦当和滴水的交替组合，右图为植物拱廊形成的交替韵律

图 3-62 交替韵律

左图为具有波普风格的公园绿地设计，右图为以"春茧"为主题创意的体育馆设计

图 3-63 交错韵律

（5）旋转韵律。部分要素按照螺旋状方式反复连续进行或向上、向左右发展，从而得到螺旋感很强的韵律特征。地形、植物、水体、建筑、小品设计都可以用到这种表现方法，如图 3-64 所示。

左图为地形旋转韵律的手法处理，右图为花坛运用旋转韵律的手法处理

图 3-64 旋转韵律

（6）自由韵律。指部分要素或线条以自由流畅的方式，不规则但又有一定规律地婉转流动、反复延续，出现连续柔美的韵律感。风景园林里，山岭跳跃式的起伏线条，地质运动形成的地质沉积，山谷间蜿蜒的河道等，大自然形成的优美韵律让人惊叹。如世界奇景之一的美国大峡谷，形状极不规则，蜿蜒曲折，迂回盘旋，尤其是谷壁地层断面，节理清晰，层层叠叠，就像万卷诗书构成的曲线图案，缘山起落，循谷延伸。从谷底向上，沿崖壁处露着从前寒武纪到新生代的各个时期的岩系，水平层次清晰，并含有代表性生物化石，被称为"活的地质史教科书"；在人工造景里，扁平地形运用自由而不失规律的曲线，可以打破地形的单调，使游人在行进中欣赏韵律带来的形式美；花毯图案、台阶的设计、植物修剪、水体设计等也可以运用自由韵律这一艺术法则，如图 3-65 所示。

左图为铺装运用自由韵律的手法处理，右图为地形运用自由韵律的手法处理

图 3-65 自由韵律

总之，构图是一种形式艺术，园林的艺术构图法是自然界灵动的形式美给予了其丰富的营养，它以人的美感为基础，又是设计师创造园林美的重要源泉。在艺术构图法则指导下的构成形式在园林作品中能起到突出主题（主体）的作用，也是服务于作品灵魂的主题的不可或缺的部分。这些形式和技巧多种多样，但都要围绕主题进行，否则可能喧宾夺主，造成眼花缭乱的反面效果。我们需

要学习前人在追求艺术的道路上习得的美的经验,才能在未来创造出景色如画、环境舒适、健康文明的游憩境域。

3.3 园林造景手法

园林中的一草一木、一山一水是造园师们为人们能够呼吸自然清新的空气、体验环境带来的舒适生活享受而精心呈现的。好的景致能让人们产生美的共鸣,造园师通过一定的园林造景手段,利用环境条件和构成园林的各种要素,创造出具有审美特征的自然和人工结合的地表景色,来感染社会生活中的人们,驻足净土,享受自然。中国自南北朝以来,园林造景常以模山范水为基础,"得景随形","借景有因","有自然之理,得自然之趣","虽由人作,宛自天开"……古代造园师们根据自然山水园的审美思想和造园经验总结了园林各要素的造景手法,也为现代园林设计留下了宝贵的经验。

3.3.1 园林的赏景方式

1. 景的含义

"景"即境域的风光,也称风景,是由物质的形象、体量、姿态、声音、光线、色彩以至香味等组成的。从园林设计角度对景的理解,就是园林中的某一地段,按照局部造景立意和各要素组成的综合形态特征,形成性质相对独立、效果独特的风光。那么,成为景需要具备两个必要条件:一方面是景呈现的艺术欣赏性,是因为景的艺术性使景由客观直白的实景形态升华为空灵美妙的艺术意境,成为使人的各种感官和心灵受到感动的境域,所以艺术性的凸显尤为重要。例如拙政园的雪香云蔚亭,雪香和云蔚分别代表白梅飘香和树木葱翠之意,其亭额"山花野鸟之间"(唐代诗人钱起的《山花》诗句)抓住了富有山林野趣的山花和野鸟,充满了春的活力,真可谓春在山花上,春在鸟声里,春在翠竹中,春在绿池中,充分调动了游人视觉、嗅觉和诗歌与景交融的想象力,感到赏心怡神;另一方面是景被人欣赏的存在易察觉性。就像深海中的珍珠,即使再美却藏在人不能发现的地方,也就无所谓美了,故二者缺一不可。

景可分为天然景和人工景。自然造化的天然景色(野景)是没有经过人力加工的。大地上的江河溪流、湖沼海洋、瀑布林泉、高山悬崖、洞壑深渊、古木奇树、斜阳残月、花鸟虫鱼、雾雪霜露等,园林造景时可以充分利用天然景,接受大自然馈赠生灵的这些美,由此配以人工景,便形成了沃土千里、麦浪翻滚的金秋之景,牛肥马壮、风吹草低的草原之景,小桥流水、烟雨蒙蒙的江南之景等千姿百态的优美和谐的园林风光。

在园林设计中,对景的塑造是非常重视的。景的序列可以比作乐章旋律,景可以看作是一幅幅美丽的风景画卷。景是园林的主体和欣赏的对象,园林是由多个景组成的,从根本上讲,景是园林生命的灵魂。人们通过欣赏一个个巧妙序列和艺术化构置的美景来感受园林的超凡魅力,才有闻名古今的"西湖十景",千百年来人们纷至沓来为它而沉醉:早在元代就有了"钱塘十景"的说法(西湖又名钱塘湖),冷泉猿啸、葛岭朝暾、六桥烟柳等就是当时著名的西湖景点;南宋时期形成了苏堤春晓、曲院风荷、雷峰夕照、断桥残雪等的"西湖十景";据清朝《湖山便览》卷一记载，雍正年间，复增西湖十八景，乾隆年间成"杭州二十四景"；现代社会的人们又为之命名了"新西湖十景"，如云栖竹径、满陇桂雨、虎跑梦泉、龙井问茶、九溪烟树、吴山天风、阮墩环碧、黄龙吐翠、玉皇飞云、宝石流霞。随着历史的积淀，人们在西湖的自然风景和人文景观中不断地发现美和提炼美，这是中国古典园林重景之建设的充分体现。素有"天下第一奇山"之称的黄山，仅北海景区内的狮子峰、清凉台、猴子观海、仙人背宝、梦笔生花、飞来石、十八罗汉朝南海等景点就已经令游人目不暇接了。更不用说"圆明园四十景"、"避暑山庄七十二景"等更是后人造景学习的典范。可见，景的构思和设置在园林设计中的作用是十分重要的，如图 3-66 所示。

图 3-66　左图为西湖十景之一的"雷峰夕照"，右图为圆明园四十景之一的"方壶胜境"

2. 赏景的视觉规律

景不仅在构思上引人入胜，而且要充分利用人的视觉规律，使由于观赏角度、观赏距离等产生不同的视觉效果更加丰富景的层次。游人在赏景的过程中，嗅觉、听觉、触觉、视觉等各种感官综合发挥作用，但实际上视觉欣赏占有很主要的部分，即所谓观景。游园时人们时走时停、观上观下、左顾右盼，或环视或远眺，或俯首端详或抬头仰望，无论怎样赏景，游人都要有一个观赏位置，从而也确定了与景物的相对距离关系。由于人的视觉特点，因而观赏视距和角度与观赏的艺术效果关系很大。造园师需要寻求人的视觉规律和习惯，塑造正面与侧面、局部与全貌、清晰与模糊、雄伟与弱小等景观效果。

（1）人的一般视觉规律

1）视距

视距通俗的理解就是人的眼睛所在位置到景物之间的距离。正常人的清晰视距为 25～30 厘米，明确看到景物细部的视距为 30～50 米，能识别景物类型的视距为 250～270 米，能辨认景物轮廓的视距为 500 米，能明确发现物体的视距约为 1200～2000 米（但这种情况已经没有最佳的观赏效果，但要远观山峦、俯瞰大地、仰望天空等，则设景目的在于突出视觉与联想的综合感受）。利用人的视距规律进行造景和借景，将取得事半功倍的效果。

2）视域

视域通常是指一个人的视力范围，它是一种与主体有关的能力。人的正常静观视域，垂直视角为130°，水平视角为160°。但按照人的视网膜鉴别率，最佳垂直视角<30°，水平视角<45°，在这个范围内，视距为景宽的1.2倍，即人们静观景物的最佳视距为景物高度的2倍，宽度的1.2倍，以此定位设景则景观效果最佳。但是，即使在静态空间内，也要允许游人在不同部位赏景，当以平角至仰角欣赏景物时，往往看到的是主景或主要景物的立面。因而垂直视角上对景物的观赏有3个最佳视点位置，即垂直视角为18°（景物高的3倍距离）时，是全景最佳视距；垂直视角为27°（景物高的2倍距离）时是景物主体最佳视距；垂直视角为45°（景物高的1倍距离）时是景物细部最佳视距。如果是纪念雕塑，则可以在上述3个视点距离位置为游人创造较开阔平坦的休息场地。如景物比较大时，人眼高度可忽略不计。同样，水平视角以60°为最佳，但往往取54°为准则，因此在此角度，观赏地点与景物欣赏面之间的距离恰好等于这一欣赏面的水平宽度。当以平角至俯角欣赏近的景物时，一般看到的是低矮的花坛、草坪或水平面，如图3-67所示。

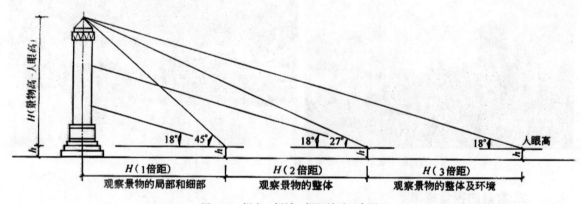

图3-67 视点、视域、视距关系示意图

3）观赏点

在园林设计中，把观赏者所处的位置定为一点，叫作观赏点。也就是游人处于某个观景位置，可以看到构景呈现的最佳景色。观赏点位置的设定与人观赏的视距和视域变化有必然联系，三方面共同协调作用才能打造佳境。例如，文艺复兴时期的收山之作——圣彼得大教堂，彰显了新时代的宏伟气势和新兴阶级的巨大魄力，方案几经修改，最后我们看到的是经设计师之一马丹纳改造的结果。设计师在主体建筑前添加了一段80米的长廊以突出室内设计的辉煌效果，却成为城市广场景观中画蛇添足的遗憾之笔。由于被突出的长廊阻挡，近距离时人们无法领略建筑整体的震撼视觉效果。人们不得不加大视距，建立了圣彼得大广场，这样可以向后移动观赏点，这样才能看到大教堂宏伟的全貌。正是因为设计师顾此失彼，没有周全地考虑人在室外观赏建筑外观的最佳观赏点位置，当人们发现视觉效果没有达到理想期待的情况时，圣彼得广场的建立才使城市景观设计的不足得到了一定的补偿。所以观赏点的设计需要设计师综合多方面周详考虑，这一点是很重要的，如图3-68所示。

另一方面，观赏点位置的设置也与设计者想要表达景的意境有重要关系。以黄山为例：观黄山日出宏伟壮丽之景的最佳观赏点为清凉台、曙光亭、狮子峰、始信峰、丹霞峰、光明顶、鳌鱼峰、玉屏楼。初时天边渐明，翻滚的云海上，出现一圈金边。烟云弥漫，山形树影，时隐时现，虚无缥缈，俄顷，曙光初露，丹霞辉映，云海间突然跳出一个红点，在冉冉上升中变成半圆，霎时，一轮红日冲出波涛，喷薄而上，腾空跃起；俯视披着轻纱的峰峦和巧石，渐入眼底，整个山脉，沉浸在

艳丽的彩光之中。仰视天空，霞光万道，使人眼花缭乱，美不胜收；而看黄山 "霞海奇观" 之景
的最佳观赏点：排云亭、丹霞峰、飞来石、光明顶、狮子峰。当日薄西山，红日将坠之时，群峰与
烟云都披上美丽的霞光。随着落日光束的变化，反映在峰峦上的色彩也在改变，赤红、丹红、淡
红直至绛紫。红日接近地平线时，彤红的西天，火红的太阳和层次分明的群峰，交相辉映，浑然一
体。浩瀚的云海，金涛云涌；另外，看云海最佳地点：玉屏楼观前海、清凉台观后海、白鹅岭观东
海、排云亭看西海、光明顶看天海；看雪景最佳地点：北海、西海、天海、玉屏楼、松谷、云谷和
温泉。

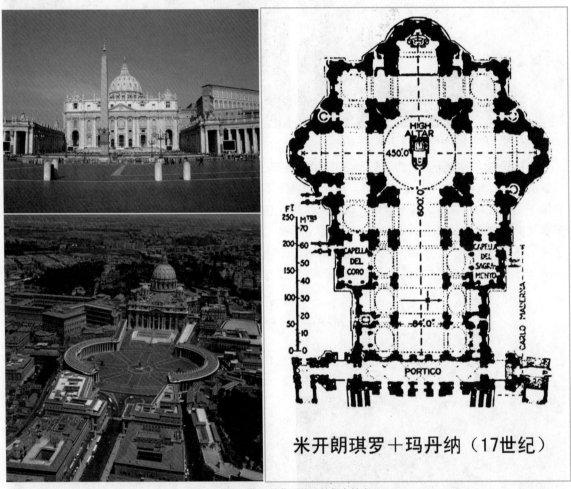

图 3-68　位于梵蒂冈的圣彼得大教堂

平视观赏。水平线上下各 30°，共 60° 夹角范围为平视，这种观赏视点是人的眼睛自然地平着
向前方或远方看去的效果，可以使人产生平静、深远、安宁之感。可布置供人停留的景点，设置观赏亭、
廊、座椅、花架、广场等。黄山平天矼西端峰头上的飞来奇石，从北海向西海道中侧面平视其石与峰，
平天矼西端峰头如平盘，石则成桃状（故又名仙桃峰），似巨石从天外飞落崖上。古人观景后有诗云：
"策杖游兹峰，怕上最高处。知尔是飞来，恐尔复飞去。"这里是摄影爱好者的钟爱之地，如图 3-69
所示。

仰视观赏（低视点）。仰角超过 30° 为仰视，产生高大、宏伟或崇高、威严感。如果仰角超过

90°，会产生下压的危机感。所以在设置仰视景观时应注意角度给人的视觉心理感受。著名的黄山三大名瀑之一"人字瀑"，其最佳观赏地点就是在视点较低的温泉区"观瀑楼"，可仰望山上飞泻直下的瀑景。在紫石、朱砂两峰之间流出，危岩百丈，石挺岩腹，清泉分左右走壁下泻，成"人"字形瀑布，景致独特，如图 3-70 所示。

图 3-69　黄山平天矼西端峰头上的飞来奇石

图 3-70　黄山三大名瀑之一的"人字瀑"

俯视观赏（高视点）。 俯角超过 30°的视域范围为俯视，能产生喜悦、自豪或孤独感。可布置到高处，有远视、中视、近视之分。用黄山的狮子峰为例，其峰雄踞险壑，竖立如削，三面临壑，悬崖千丈，古有"黄山之雄甲宇内，幽秀灵齐聚后海"之句，其峰上的清凉台位于狮子峰山腰，是俯瞰观赏茫茫云海和日出的最佳之处，无论是远视、中视还是近视的观赏，都堪称仙境奇景：清凉台突出在三面临空的危岩上，游人可凭栏远眺。台前为峰云变幻的后海，近处俯视台下十八道弯的石级盘旋而上，右侧上方排列着犬牙般的石笋，远望可见惟妙惟肖的"十八罗汉朝南海"，如图 3-71 所示。

图 3-71　左图为黄山狮子峰"十八罗汉朝南海"，右图为俯视台下弯曲的石级盘旋

（2）人的视错

视错是视错觉的简称。视错觉的种类大致可以分为两类，一类是形象视错觉，如面积大小、角度大小、长短、远近、宽窄、高低、分割、位移、对比等；另一类是色彩视错觉，如色彩、颜色的对比、色彩的温度、光和色疲劳等。有时可以利用人的视错觉，对一些由于条件限制产生不可避免的设计缺陷进行视错填补。假如花坛的形状是接近正圆而非正圆的造型，因为在人的视觉经验和视觉惯性

的综合作用下也会对该形状产生正圆形的错觉和认识判断。另外，设计师也可以巧妙地运用视错原理创造出奇特的景观效果。例如，南非约翰内斯堡市视错花园设计，该项目如同雕塑一般安置在一个交通岛上，这里在 2010 年南非世界杯期间是举行庆祝活动的场所之一，旁侧的道路亦是通往内城观赛区域的主要干道。设计师使用的"绘画材料"是摆成平行锯齿状的长条板，其上共画有 195 个经过精心设计的标记，它们共同构成了一个大小为 30 米 × 6 米的作品。与交通标示相联系的红白元素非常适合用以描绘其标志性造型，当司机开车到达特定的区域时，即可观赏到作品产生的透视效果，如图 3-72 所示。

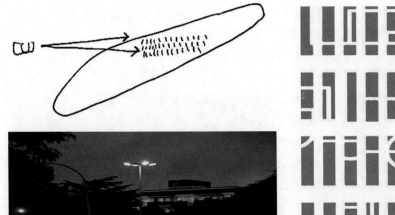

图 3-72　南非约翰内斯堡市利用人的视错设计的花园公共艺术

3. 赏景的方式

静态观赏：园林的景物形成稳定的景观画面，其主景、配景、前景、背景、空间组织和构图稳定不变。静态观赏方式的观赏时间较长，人的视觉感受和心理感受的综合作用较大，便于游人体察、感悟或想象、理解景物对象的审美价值或人文内涵，景观设计强调营造游人在观赏中体味或感悟景物的诗情画意、哲理或意境。

动态观赏：与静态观赏不同，园林景观形成连续的动态的构图，强调景物间的协调性，景景相连，移步异景，具有运动感、新鲜感、立体感的美的特征。

3.3.2　园林的造景手法

1. 借景

借景是中国古典园林设计中一种传统的造景手法，就是有意识地把园外之景借到园内的视景中来，作为画面的远景或背景。这样能够增加近景画面的层次，并在构图上起到均衡画面的作用。可以达到纳千顷之汪洋，收四时之烂漫的艺术效果。计成在《园冶》"兴造论"里提出了"园林巧于因借，精在体宜"；"泉流石注，互相借资"；"俗则屏之，嘉则收之"；"借者园虽别内外，得景则无拘远近"等基本原则。具体的种类如下。

近借： 在园中欣赏园外近处的景物。苏州山塘街的塔影园，近借了虎丘塔。

远借： 在不封闭的园林中看远处的景物。沧浪亭的看山楼，远借上方山的岚光塔影。还有将巍峨的北寺塔精心点缀到秀美的拙政园中，总是给游客们意外惊喜的著名借景景观，是智慧的古人给我们留下的别出心裁的礼物，如图3-73所示。

邻借： 在园中欣赏相邻园林的景物。拙政园西部原为清末张氏补园，与拙政园中部分别为两座园林，西部假山上设宜两亭，邻借拙政园中部之景，一亭尽收两家春色。

互借： 两座园林或两个景点之间彼此借资对方的景物。拙政园内的三十六鸳鸯馆与对面山上的浮翠阁形成了互相借资观景的巧妙设计。

仰借： 在园中可以仰借空中的飞鸟，可以仰视园外的峰峦、峭壁或邻寺的高塔。

俯借： 在园中的高视点，俯瞰水中的游鱼或园外的景物。

应时而借： 借一年中的某一季节或一天中某一时刻的景物，主要是借天文景观、气象景观、植物季相变化景观和即时的动态景观。小巧的网师园内占园面积大多数的水面既镜面反射了自然的天光云影，又借周边景物形成了婆娑灵动的水面倒影，这种景物借构方式能使景物视感格外深远，有助于丰富自身表象以及四周景色，构成绚丽动人的景观。"让我们荡起双桨，小船儿推开波浪，湖面倒映着美丽的白塔……"这首歌曲也形象地描绘了中国古代皇家园林北海中运用借景打造的美丽景色，如图3-74所示。

图3-73 拙政园中远借北寺塔的著名景观   图3-74   网师园中应时而借的造景手法

2. 对景与障景

园林中的建筑，基本上要求都是四面赏景的。即使是建筑已在墙边，也要在墙与建筑之间留出一条采光天井，设置情趣小景，以增生趣，这也就是利用最小的空间造出极大的艺术效果。

　　对景的设计一方面如建筑四周对景，若为小空间的近景，则其画面多是竹石、花木叠石、山景，或为兼壁山；另一方面对景如为开敞远景，则其画面则舍去竹石，花木小景，而代之以山水中堂或山水横幅，在这种画面内，不但有峰峦丘壑，深溪绝涧，竹树云烟；还有楼台、亭、阁、榭。这就是山设水而活，设草木而茂，设亭榭而媚的画面，如图 3-75 所示。

　　障景则采用布局层次和构筑木石达到遮障、分割景物，使人不能一览无余。古代讲究的是景深，层次感，所谓"曲径通幽"，层层叠叠，人在景中。人们常说的"开门见山"就是典型的古典园林或建筑院落的障景设计手法，如图 3-76 所示。

图 3-75　拙政园西园三十六鸳鸯馆与对面山上的浮翠阁对景相互借资

图 3-76　恭王府花园内开门见山的障景设计

3. 分景与隔景

　　无论是分景还是隔景，都是使用特定的手段将园林内单一的景观分割成不同景点的造景方法，从而丰富人对景观美的感受。

分景是将成片的风景分割开来，游人在游览行进中可以两边同时或更多视角欣赏到园景的美。颐和园中的长廊就把园内景色一分为二，左边是碧波荡漾的湖光山色，右边是层叠错落的宫阙楼宇，使自然与人工之景在对比中散发出美的光华。

　　隔景是在大园内围隔出若干小园，形成内外园或园中之园。拙政园用一条蜿蜒曲折的复廊分割出中园和东园，首先感受东园归园田居的质朴气息，走进中园，青荷碧波、亭榭扶翠，岛屿错落、屋宇掩青，才使全园之精华得以真正体现。

4. 框景与漏景

　　框景一般分为门景与窗景，就是把园墙或建筑的门窗作为画框，把门窗外的真山实水风景或是竹石小景纳入画框。古诗云：窗含西岭千秋雪，门泊东吴万里船，如图 3-77 所示。

图 3-77　古典园林中运用窗和门框景，构成三维立体的优美画卷

　　造园大师计成说："刹宇隐环窗，仿佛片图小李（画家李昭道），岩峦堆壁石，参差半壁大师（指元朝画家黄公望）。"又指出："人笔意，植者靠壁理也，借以粉壁为纸，以石为绘，理者相石皴纹，仿古人笔意，植黄山松柏，古梅美竹收之园窗，宛然镜游也。"

　　用门窗作画框的做法，清代画家李渔在《一家言》中说得最为明白：他在居室厅堂中央开了一个窗，在窗框的上下左右装裱了画的天、地和镜边，然后说："俨然堂画一幅。坐而视之，则窗非窗也，画也；山非居屋后之山，部画上之山也。"他把此窗称为"天心画"。此种做法在江南园林中比比皆是，游人穿过一个又一个月门，游览一个又一个园窗，如入团扇，如对明镜，如游月宫，如诗如画，宛若仙游也。江南园林依据圣意造景，又把园景化用图画，景中有画，画中有景；是景是画，真假难分。

　　漏景是从框景发展而来。框景景色全观，漏景若隐若现，含蓄雅致。漏景可以用漏窗、漏墙、漏屏风、疏林等手法。如苏州留园入口的洞窗漏景，苏州狮子林的连续玫瑰窗漏景等。

5. 夹景与添景

　　夹景是一种带有控制性的构景方式，它不但能表现特定的情趣和感染力（如肃穆、深远、向前、探求等），以强化设计构思意境、突出端景地位，而且能够诱导、组织、汇聚视线，使景视空间定向延伸，直到端景的高潮。当风景点的远方，或自然的山，或人文的建筑（如塔、桥等），它们本身都很有审美价值，如果视线的两侧大而无当，就显得单调乏味，如果两侧用建筑物或者树木花卉屏障起来，增加了园景的深远感，使得风景点更显得诗情画意。《桃花源记》中描述了园林夹景手法："缘溪行，忘路之远近。忽逢桃花林，夹岸数百步，中无杂树，芳草鲜美，落英缤纷……"把平阔的河流和山野景象通过夹两岸的桃花林，诱导汇聚于溪源处的景观焦点，更增强了园林意境构思的情趣性，如图 3-78 所示。

添景是一种丰富景观层次的造景手法。当远方自然景观或人文景观，如果中间或近处没有过渡景观，眺望时就缺乏空间层次。如果在中间或近处有乔木或花卉作为中间或近处的过渡景，这乔木或花卉便是添景。添景可以建筑小品、树木绿化等来形成。体型高大、姿态优美的树木，无论一株或几株，往往都能起到良好的添景作用。例如，颐和园中的佛香阁是全园景观的最高视点和景观高潮，在十七孔桥上远眺高高在上的佛香阁，一览无余，并不能体现园林意境之趣，故需要在其中增添排云门、排云殿、爬山廊、高大茂盛的植物等过渡景观，形成丰富的竖向垂直景观层次，并营造先抑后扬的景观妙趣，如图 3-79 所示。

图 3-78 古典园林典型的夹景造景方式 　　　　　　图 3-79 颐和园中的添景设计

 本章重点与习题

1. 园林设计的审美原则有哪些？
2. 园林的造景手法有哪些？

 拓展实践

1. 通过观察和实地测量，体会园林设计中视点、视距、视域三者的关系。
2. 找出更多使用园林观景方式（平视、仰视、俯视）以及动态、静态观赏的著名景点。

第4章

园林的建筑
要素设计

4.1　中国园林建筑的类型

任何建筑派别的诞生与发展都应以建筑材料的发展为前提，材料发展变化了，新的材料促进建筑结构发生新的变化，新的建筑结构的变化直接创造出新的建筑形式，因而也产生了与新材料、新形式相适应的新的装饰装修手法。这一规律无论是在欧洲，还是在亚洲，无论是古希腊古罗马，还是在古老的中华大地，都是不可改变的。

石材创造了古朴庄重的古希腊建筑，原始混凝土创造了恢宏的古罗马建筑。土坯产生了色彩斑斓的波斯建筑，而木材却造就了伟大的木框架技术，玲珑华丽的中国建筑占据了世界建筑的重要一席之地。

世界上任何一种有生命力的建筑都是与其结构逻辑相适应的。历史上每一件伟大的建筑都是劳动人民在长期的生产实践过程中不断完善、不断创造而生成的。它绝不是一两个天才人物创造的。建筑是群体智慧的产物，天才也是顺应客观规律才能发挥作用。如果天才关在小屋子里冥思苦想，不切实际地创造，只能是胡思乱想，是绝不会成功的。

中国古代建筑的整个发展过程，证明了一个真理，任何一种成熟体系的形成都是经过十几代人的努力才能完成的。中国建筑最终的完美是由原始的不完美发展而来的。

中国古建筑的构造与特征是什么？它是怎样形成的呢？

中国建筑的主材就是木材。木材的特征是比重轻，比石材、砖都要轻得多，其次是材质软，但强度大，韧性好。材质软便于加工，可以切割成各种造型，因此中国建筑的榫卯技术在世界上堪称一绝；强度大，韧性好又决定了可以建筑跨度较大的框架结构的建筑，而且由于是框架结构，所以空间处理手法也比欧洲古典建筑来得灵活。

木材创造了中国建筑的大跨度框架结构，木材造就了中国建筑结构的复杂多变，造型玲珑剔透、勾心斗角、轻盈舒展等艺术特征，除了欧洲的哥特建筑具备部分中国建筑的这些艺术特征外，其他建筑均不具备中国建筑的独特艺术造型语言。

木材造就了中国建筑的装修装饰特征，其特征是木构件装修精雕细刻，品种繁多，木饰面彩画灿烂辉煌，五光十色，形成了中国建筑多彩热烈而庄重，美丽而深沉，华贵而不浮躁的特点。

4.1.1　屋宇类

建筑物在我国古代园林中占有极重要的地位，其数量之多实为外国园林与现代公园所少见，在园林中，建筑时常与山石、水池、花草、森林共同组成园景，在局部园景中，它还可以成为构图的主题。迭山、理水是园林构成的骨干要素，而欣赏山石水景的位置，则常在建筑物内完成，因此它是园林中可游、可憩、可居之场所，又是组成风景点的重要观赏点。

堂、房、馆、楼、台、阁、榭、廊……建筑一般围绕山、池花木设置，房屋之间用廊子串联，组成观赏风景的主要游览路线。房屋的位置、体形、大小、比例、艺术处理方法均由功能与构图而随机应变，灵活运用。

建筑要求一般多为轻巧淡雅，玲珑活泼。而空间处理一般要求开敞、流通，运用空廊、漏窗、透空屏风、格扇等手法，使建筑内外有机地融为一体。

4.1.2 园林建筑的个体区别

堂是园林建筑中的主要建筑，位置居中，以能凭眺最好的园景为首要条件，一般与向坐北朝南，形体较大，装修华丽，厅堂有四面厅、鸳鸯厅等。

四面厅： 主要厅堂为了便于四面观看，四周绕以回廊和大片格扇窗，不做墙壁。

鸳鸯厅： 在建筑内部一分为二，用屏风、格扇、落地罩分隔。

榭、舫： 大多邻水而建，形体与水面协调，榭的安置是半水半陆地，一半伸入水中，有平台，之上的亭形建筑物设有栏杆和美人靠，而榭、舫大多是全部进入水中，用船踏板与舫相连，舫又称为旱船、石舫等。

楼、阁： 位置在厅堂之后，也可立于半山半水之间。楼多为二层，向园景一面装长窗。阁与楼相似，但不设二层，做重攀登处理，四面开窗，造型轻快。

亭： 亭是休息眺望之处，也是园景的点缀。亭的四面通透玲珑，亭一般设于山上、林中、水际等处，也可成为廊的连接关，依檐长与亭，单檐八方亭，重檐八方亭，园亭（单檐、重檐）等。

廊： 在园林中是主要风景导游线之一，是建筑相互联系的脉络，廊按形式可分为：直廊、曲廊、波形廊、复廊等数种，按位置分有：沿墙廊、爬山廊、水廊、回廊、复廊，其中复廊是两廊并为一体，中间有一道带漏窗的墙。

墙： 墙的功能是分隔空间，或对景物起到陪衬与遮蔽的作用。其形式包括平墙、阶梯墙、波形墙、方墙、矮墙。

1. 亭

我国的亭不仅有着悠久的历史，而且在它漫长的发展过程中，逐步形成了自己独特的建筑风格和极为丰富多彩的建筑形式。

（1）亭的历史

我国古代的亭子种类很多，在交通要道上筑有路亭；在城市街道上筑有街亭；在城门楼上有旗亭，专供立旗杆用；在边界烽火台上有警亭，供瞭望敌情用；在水井上筑有井亭；专为立碑石用的有碑亭；还有挂钟用的钟亭；置鼓用的鼓亭等。但其中数量最多、形式变化最为丰富的，要数园林和风景区中运用的园亭。

中国园林中亭的运用，最早的记载始于东晋、南朝和隋代，距今已有 1 600 多年的历史。东晋永和九年（353 年）三月三日，《晋书·王羲之传》中 "尝与同志宴集于会稽山阴之兰亭，羲之自为之序以申其志"，似是有关园亭的最早记载。隋炀帝在洛阳造西苑， "其中有逍遥亭，四面合成，结构之丽，冠于今古" （《大业杂记》）到了唐代《长安志》中记载长安禁苑："苑内有南望春亭、北望春亭、坡头亭、柳园亭、月坡球场亭子……蚕坛亭、正兴亭、元沼亭、神皋亭、七架亭、青门亭，去宫城十三里，在长安故城之东。" 唐代亭子的形式已相当丰富，有四方亭、六角亭、八角亭、圆亭；其顶有攒尖、歇山、重檐等式；有独立成亭，也有与廊结合在一起的角亭等，但多为佛寺建筑，顶上有刹。此外，西安碑林中现存末代摹刻的唐兴庆宫图中的沉香亭，是阔三间的重檐攒尖顶方亭，相当宏丽。这些资料说明，唐代的亭，已经和沿袭至明、清时代的亭基本相同。

到了宋代，在宋徽宗所造名苑艮岳中，萼绿华堂旁有 "承岚昆云之亭"；大方沼中 "有两洲，东为芦渚，亭曰浮阳，西为梅渚，亭曰雪浪"；北俯景龙江 "其上流注山间，西行潺湲为漱玉轩，又行石间为炼丹亭、凝观图山亭，下视水际，见高阳酒肆、清斯阁北岸，万竹苍翠蓊郁，仰不见天，有胜筠庵、蹑云台、消闲馆、飞岑亭，无杂花异木，四面皆竹也"（《御制艮岳记》）。苑内的亭子不但数量多、形式丰富，而且开始运用对景、借景等艺术手法，把亭与山、水、花木结合组景。此外，从北宋王希孟所绘的《千里江山图》长卷中，可以看到那时的江南水乡在村宅之旁，建有各种形式的亭、榭，其中还在两座桥上有亭，一座桥上的亭与今扬州瘦西湖上的五亭桥相仿。

图 4-1　清代的皇家园林中的重檐八角攒尖亭

明末计成所著的《园冶》一书，还辟有专门的篇幅论述亭的功用、形式、构造、选址等。明、清以后，园林中的亭式在造型、尺度和使用功能各方面较之以前大有发展。今天在全国各地古典园林中所看到的亭，大多是这一时期的遗物，如图 4-1 所示。

中华人民共和国成立后，随着新园林的建设及古典园林的保护和修葺，园林建筑中的亭也取得了很多成就。在建筑造型风格上，既继承和发扬了我国古代建亭的优良传统，又致力于革新尝试，根据各地的气候特点与传统做法，运用新技术、新材料及各种地方性材料，设计出一些有地方特色的仿竹、仿木的亭子。在使用功能上，则利用亭子作为小卖部、展览室、摄影室、儿童游戏室等，使传统的建筑形式为中外游客服务。

（2）亭的艺术功能

自亭子进入园林以后，基于总体布局上的要求，园林建筑被赋予观景与点景的双重功能，就是说既要满足游人观赏自然风景的需要，又要成为被观赏的自然风景中的一个内容。

首先，从亭子的点景功能来看，此是游人视线的落点，园亭之美表现为造型美、象征美和哲理美。

1）造型美

中国古代建筑，从外形上看，一般都有屋顶、屋身、台基三大部分。三者相比，屋顶又最为突出。亭子虽属小式建筑，却同样承袭了完整的古建筑造型风格，从四面八方的任一个角度看去，都显得独立而完整，玲珑而剔透，如图 4-2 所示。

2）象征美

首先，园亭的造型虽然多种多样，但其内部结构却有着惊人的一致，即圆顶方底。从象征含义分析，亭子的圆顶方底，则象征着中国人的天体观。在先人们的眼里，天是圆的，地是方的，人之所以能居于天地之间，因为天有四柱。人居亭中，则居于天地之间也，占天占地，天人合一。

其次，从亭子的点景功能看，它是游人视线的起点，园亭的观赏作用体现在以下两个方面：一是与自然景物的有机融合。园亭或怡然临于泉水之上，或悄然附于楼阁之旁，或静静漂浮于水池之畔，或隐隐匿藏于花木之中，看似无式，实则有法，即凡是园亭所在之处，皆为观赏最佳之点；二是对园林空间的视觉扩张。在有限的建筑空间中追求无限的心理空间，是中国古典园林的意境所在。建筑造型中，围合、分割空间的主要形式是墙，而采用木构架建造的园亭，由于承重的是点状的柱，不是条状的墙，因此打破了内外空间封闭的边界，使内部空间可以延伸到外部的自然环境中去；同时又把外部空间越过边界，引导到内部空间中来，形成了内外空间的交流，如图 4-3

所示。

图 4-2　承德避暑山庄中各种造型的亭子

图 4-3　从园林中欣赏亭，与亭中欣赏园林各景致的视角不同，其意境各不同

2. 廊

廊在园林中是主要的游览路线，起着相当重要的作用。在中国建筑体系中，一般个体建筑的平面形状都比较简单，通过廊、墙等把一栋栋的单体建筑组织起来，形成了空间层次上丰富多变的建筑群体。

廊的创作来源于生活，园林创作吸收了原本用来遮阳避雨的交通走道，不仅为烈日或雨雪中游览提供了便利，而且增加了景深层次和园林趣味。廊被运用于园林中，其形式和手法更为丰富多彩。如果把整个园林作为一个"面"来看，那么，亭、榭、楼、馆、阁等建筑物则可视作"点"，而廊、墙这类建筑可视作"线"。通过"线"的联络，把各个分散的"点"联系成为一个有机的整体。

（1）廊的功能

廊的功能概括起来有以下四项。
- 引导游人游览的功能。
- 分割空间、组合景物的功能。
- 丰富景观的功能。
- 避雨雪和休憩功能。

（2）廊的特点

廊的确是一种微妙的建筑，它狭长而通畅，弯曲而空透，两排亭亭玉立的细柱，托着轻盈而不厚实的廊顶，时拱时平，宛转多姿。跨水越溪的廊，像带顶的桥；穿林跃谷的廊，像降风避雨的路。在中国古典园林中，厅堂楼阁是"实"的，而廊是"虚"的，两者结合，便构成了虚与实的和谐美，使本来规整、沉滞的院落，变得空灵而富有生气。廊给人的空间感受是很特殊的，沿廊漫步，既像在室内，又像在室外。这种亦内亦外，内外交流的空间，使人产生一种"过渡空间"的慰藉心理。造园家就是利用空间内外矛盾的统一，通过廊，将两种不同的空间感受微妙地融合在一起，从而使疲于跋涉的游人，只要步入廊道，便会有"如释重负"的感受。廊的巧妙之处就在于它的亦"曲"亦"直"之间，巧妙地连接与贯穿整个园林，使园林的空间更加有趣和富有内涵，如图 4-4 所示。

图 4-4　中国古典园林中，廊不仅具备基本的使用功能，更能使沉滞的院落变得空灵而富有生气

图 4-4　中国古典园林中，廊不仅具备基本的使用功能，更能使沉滞的院落变得空灵而富有生气（续）

3. 榭

（1）榭的特点及其形式

在中国古典园林建筑中，榭是一种充分显示美的灵感和技巧的小品。它依山逐势，畔水亭立，一面在岸，一面临水，给人以凌空的感受，水中游鱼与水面花影相映，诗情画意油然而生。幽静淡雅、别有情趣的榭，自然成了人们游园时读书、抚琴、作画、对弈、小酌、品茗、清谈的最佳所在。

计成在《园冶·榭》中说："榭者，藉也，藉景而成者也。或水边，或花畔，制亦随态。"榭多属于临水建筑，在选址、平面及体型的规划设计上，更要注重与水面、池岸的协调与配合。

在南方私家园林中，由于水池面积较小，因此水榭的尺度也较小。形体上为取得与水面的协调，常以水平线条为主。建筑物一半或全部跨入水中，下部以石梁柱结构支撑，或用湖石砌筑，总让水深入榭的底部。临水一侧开敞，或设栏杆，或设美人靠椅。屋顶多为歇山回顶式，四角起翘，轻盈纤细。建筑装饰比较精致、素洁。如苏州拙政园的芙蓉榭，位于东园池畔，坐东面西，有深远的视野，是园林东部重要的观景建筑。夹岸桃红柳绿，风景优美，夏日赏荷，此处尤佳，故以芙蓉为名。建筑基部一半在水中，一半在池岸，跨水部分以石支柱凌空架设于水面之上。平台四周设美人靠，供游人坐憩平倚之用。平台上部为一歇山顶独立建筑，其内圈以漏窗、粉墙和圆洞落地罩加以分隔，外围形成回廊。四周立面开敞，简洁、轻快，如图 4-5 所示。

图 4-5　左图为江南苏州园林网师园的濯缨水阁，右图为颐和园的园中园——谐趣园内的两座水榭

（2）榭与水面、池岸的关系

作为一种临水的建筑物，建筑与水面、池岸一定要很好地结合，使其自然、妥帖。中国水榭建筑的主要经验有以下几点。

- 水榭尽可能突出于池岸。
- 水榭尽可能贴近水面。
- 榭与水面、池岸结合强调水平线条。

 4. 舫

（1）石舫的造型艺术

中国古典园林中，常见一种仿船形建筑，称为石舫。石舫前部三面临水，"船头"有平桥与岸连接，类似跳板，底部以石建造，"船舱"多为木构，一般分为船头、中舱和尾舱三部分。船头作为敞轩，供游人赏景用；中舱最矮，类似水榭，舱的两侧开长窗，为坐着观景提供宽广的视野，这里是游人休息、宴饮的主要场所；尾舱最高，一般为两层，下实上虚，上层状似楼阁，四面开窗，以便远眺，舱顶一般做成船篷式样，轻盈舒展。这类建筑初看像是轩、榭、楼的组合体，细加玩味，其体形空间，则寄托着游船画舫的情调。由于徒具船形而不能行动，故又名"不系舟"。

石舫的集中所在是江南文人的写意山水园，以"妙在小、精在景、贵在变、长在情"为特色的江南园林，欲在"咫尺山林，多方胜景"中，展现出水乡地域的特点，使得在划不了船的小水面上，仍能获得"置身舟楫"的感受，石舫无疑是最好的具象物，是中国人从现实生活中模拟、提炼出来的建筑形象。

建于元代的苏州狮子林，在园北池水中的真趣亭之旁，建有石舫建筑的香洲，上楼下轩，造型轻巧，东面隔水与倚玉轩相对，互相映衬。内舱横梁上悬有文徵明所书"香洲"两字匾额。舱中有大镜一面，映着对岸倚玉轩一带景色，扩景深远，是虚实对比和借景手段的极好表现。头舱轩廊之前有一个小月台，取船头甲板之意，尽量与水体接近。建于清末同治、光绪年间的苏州怡园，在以水景为主的西园尽端，筑有石舫——画舫斋，内有匾额曰："舫斋赖有小溪山"，系引黄山谷诗句，如图4-6所示。

北京颐和园昆明湖西岸边，有一只汉白玉石制成的石舫，本是乾隆时清漪园模仿江南园林的石舫旧物，后被英法联军破坏。慈禧重建颐和园时，在原船上加盖了两层西洋式楼阁，增设机轮，舱内墁花砖，镶嵌五色玻璃，陈设西洋桌椅，取名清晏舫。这座亦中亦西的建筑，至今保存完好，如图4-7所示。

图4-6　苏州狮子林内的石舫建筑——香洲　　　　图4-7　北京颐和园昆明湖西岸的石舫

（2）石舫的艺术功能

从园林构景因素这个特定的建筑意义分析，集中表现在"似船却是非船"这一空间造型的变态美中。其功能具体表现在以下三个方面。

1）空间造型的形式美

石舫的基本形式与真船相似，分船头、中舱、尾舱三个部分。船头为敞棚，以供赏景；中舱休息、宴客，通过两侧长窗，亦可观景；尾舱最高，多分为两层，四面开窗，以便登临远眺。头、尾舱顶为歇山式样，中部舱顶为船篷式样。

2）环境气氛的意境美

空间造型的美，除了与本身结构、体积、形状、色调有关以外，还体现在与周围环境空间及与其他景物的关系中，并随着游人视点的移动而不断变化。如一首古诗所云："水陆皆随便，阴晴总自操。泛虚原不系，何处见波涛。"

3）象征含义的联想美

石舫作为构景因素进入园林这一客观存在的本身，使人们联想到封建社会士大夫"人生在世不称意，明朝散发弄扁舟"的失意感，以及"扁舟泛湖海，长揖谢公卿"的归隐心态。

5. 厅堂

计成的《园治·堂》中写道："古者之堂，自半已前，虚之为堂。堂者，当也。谓当正向阳之屋，以取堂堂高显之义。"、"凡园圃立基，定厅堂为主，先乎取景，妙在朝南。"《释义》说："厅，所以听事也。"由此可知，厅和堂两者没有严格的区别，前者是从功能上说的，后者是从体制上说的，所以两者往往连称在一起。一般以构造所用木料加以区分："称用扁方料曰厅，圆料者曰堂，俗称圆堂"（《营造法原》）。厅堂是园林中的主体建筑，是园主人进行会客、治事、礼仪等活动时的主要场所，一般位居于园林中最重要的地位，既与生活起居部分之间有便捷的联系，又有良好的观景环境；建筑的体型也较高大，常常成为园林建筑的主体与园林布局的中心。

（1）南方传统的厅堂

南方传统的厅堂较高而深，正中明间较大，两侧次间较小，前部有敞轩或回廊；在主要观景方向的柱间，安装着连续的福扇（落地长窗）；明间的中部有一个宽敞的室内空间，以利于人的活动与家具的布置，有时周围以灵活的隔断和落地门罩等进行空间分隔。

江南园林中的厅堂，常用的有以下三种形式。

一是"荷花厅"，这是一种较为简单的厅堂，一般多为面阔三间。建筑空间处理为单一空间，南北两面开敞，东西两面采取山墙封闭（或于山墙上开窗取景），面对荷池。

二是"鸳鸯厅"，一般多为面阔三间或五间，采用硬山或歇山屋盖。建筑空间处理为南北两间开敞，中间隔一福扇、屏风而为前后两个空间，东西两端隔以花罩。一般北厅面向园中主景，常是通过月台临水看山，夏天乘荫纳凉；南厅阳光充足，常供冬、春使用。

三是"四面厅"，面阔多作三间或五间，建筑空间处理为四面开敞，采用福扇，周围外廊。这是最讲究、最高级的厅堂建筑，可供四面赏景。

厅堂是园林中最主要的建筑，因而一般都布局于居住与园林之间的交界部位，与两者均有紧密的联系。厅堂的正面一般对着园林中的主景物，经常采取"厅堂—水池—山亭"的格局，景象开阔，设宽敞的平台作为室外空间的过渡。

苏州拙政园的远香堂是四面厅形式，位于中园的正中心，其正面向北是隔水相望的假山及雪香云蔚亭、待霜亭；东北为梧竹幽居，视线深远；西面为隔水相望的荷风四面亭和见山楼；西南是以曲廊联系的小飞虹水庭空间；东面是绣绮亭、枇杷亭等一组建筑空间；南面是起着障壁障景作用的水池假山小园。总之，厅堂四面，面面有景，旋转观看，好似一幅中国山水画的长卷，如图4-8所示。

鸳鸯厅是江南园林厅堂的常见形式，如南京瞻园的静妙堂，是一座面阔三间的鸳鸯厅，布置于园的中心、偏南部，将其园划分为南、北两个景区，堂北设宽敞平台，过草坪、水池与假山相对应；堂南接水榭，隔水与南部假山相对峙；东与曲廊相通，联系花厅、亭榭、入口；西部跨过小溪上的平板，有山道可攀西部山岗，它既是园内的中心，又是主要的观景点，如图4-9所示。

图 4-8　苏州拙政园内的四面厅——远香堂　　　图 4-9　南京瞻园内面阔三间的鸳鸯厅——静妙堂

（2）北方皇家园林的殿堂

北方皇家园林中将作为园主的封建帝王所使用的建筑称作殿、堂，并与一定的礼制、排场相适应。皇家园林中的殿，是最高等级的建筑物，布局上一般主殿居中，配殿分列两旁，形式严格对称，并以宽阔的庭园及广场相衬托，洋溢着浓重的宫廷气氛。

皇家园林中的堂，是帝后在园内生活起居、游赏休憩性的建筑物，形式上要比殿灵活得多。其布局方式大体有两种。

一是以厅堂居中，两旁配以次要用房，组成封闭的院落，供帝后在园内生活起居之用，如颐和园的乐寿堂、玉澜堂、益寿堂，避暑山庄的莹心堂，乾隆御花园中的遂初堂等，如图 4-10 所示。

图 4-10　左图为颐和园的乐寿堂，右图为避暑山庄的莹心堂

二是以开敞方式进行布局，堂居于中心地位，周围配置亭廊、山石、花木，组成不对称的构图。堂内有良好的观景条件，供帝后游园时在内休憩观赏，如颐和园中的知春堂、畅观堂、涵虚堂等，如图 4-11 所示。

图 4-11　左图为颐和园中的知春堂，右图为涵虚堂

6. 馆轩斋室

馆、轩，也属厅、堂类型，但尺度较小，布置于次要地位。斋、室等一般是附属于厅、堂的辅助性用房，布局上与主体建筑相配合。

馆、轩、斋、室是园林中数量最多的建筑物，在个体造型、布局方式、建筑与环境的结合上，都表现出比厅堂更多的灵活性。计成在《园冶·屋宇》中写道："惟园林书屋，一室半室，按时景为精。方向随宜，鸠工合见；家居必论，野筑难因。"这里说的虽仅是"书屋"，其实对于馆、轩、斋、室等都是通用的。

（1）馆

馆，从食从官，原为官人的游宴处或客舍。《说文》说："馆，客舍也。"《园冶》载："散寄之居，曰'馆'，可以通别居者。今书房亦称'馆'，客舍为'假馆'。"《南巡盛典》上所载红杏园："在献县南三十里，河间献王日华馆故址也。献王好儒术，置客馆二十余区，一时文学士多从之游。"

江南园林中的"馆"，并不是客舍性质的建筑，一般是一种休憩会客的场所，建筑尺度不大，布置方式多种多样，常与居住部分和主要厅堂有一定的联系，如苏州拙政园里的玲珑馆、三十六鸳鸯馆，网师园内的蹈和馆，都建于一个与居住部分相毗连而又相对独立的小庭园中，自成一局，形成一个清静、幽雅的环境，如图4-12所示。

图4-12 左图为苏州拙政园玲珑馆，右图为苏州拙政园三十六鸳鸯馆

在北方的皇家园林中，"馆"常作为一组建筑群的统称，如颐和园中的听鹂馆，原是清代帝后欣赏戏曲的地方，庭园中还设有一座表演用的小戏台。宜芸馆，原是帝后游园时的休息处所，重建后改为光绪皇后的住所，如图4-13所示。

图4-13 颐和园宜芸馆

（2）轩

轩，"车前高曰轩，后低曰轾"。计成在《园冶·轩》中说："轩式类车，取轩轩欲举之意，宜置高敞以助胜则称。"在园林中，轩一般指地处高旷、环境幽静的建筑物。苏州留园的闻木樨香轩

位于园内西部山岗的最高处，背墙面水，西侧有曲廊相通，地处高敞，视野开阔，是园内主要观景点之一，如图 4-14 所示。

此外，还有许多轩式建筑，采取小庭园形式，形成清幽、恬静的环境气氛，如拙政园的听雨轩，院内满植芭蕉，取"雨打芭蕉"之意而得名，如图 4-15 所示。海棠春坞，以院内的海棠为主要观赏内容；看松读画轩，因轩前有古松，苍劲耸秀，故筑轩而起名；揖峰轩，庭园内以石为主，花木为辅，按朱熹《游百丈山记》中的"前揖庐山，一峰独秀"而命名。

北方皇家园林中的轩，一般都布置于高旷、幽静的地方，形成一处独立的有特色的小园林，如颐和园谐趣园北部山岗上的霁清轩，如图 4-16 所示。后山西部的倚望轩、嘉荫轩、构虚轩、清可轩；避暑山庄山区的山近轩、真意轩等，都是因山就势，取不对称布局形式的小型园林建筑。它们与亭、廊等结合，组成错落变化的庭园空间。由于地势高敞，既可近观，又可远眺，真有轩昂高举的气势。

图 4-14　苏州留园的闻木樨香轩　　　图 4-15　拙政园的听雨轩　　　图 4-16　颐和园谐趣园北部山岗上的霁清轩

（3）斋

斋是斋戒的意思。在宗教上指和尚、道士、居士的斋室。计成在《园冶·斋》中说："斋较堂，惟气藏而致敛。"有使人肃然斋敬之义。苏州网师园中的集虚斋、留园中的还我读书处等都是一种书屋式的建筑物，一屋一院，与外界隔离，相对独立，形成统一完整的空间气氛。这正符合《园冶》所说："书屋之基，立于园林者，无拘内外，择偏僻处，随便通园，令游人莫知有此。内构斋、馆、房、室，借外景，自然幽雅，深得山林之趣。"

（4）室

室与房，多为辅助性用房，配置于厅堂的边沿。《说文解字》云："古者有堂，自半已前，虚之谓之'堂'；半已后，实之为'室'。"《释名》云："房，旁也，室之两旁也。"《说文解字注》云："凡室之内，中为'正室'，左右为'房'。"苏州网师园中的琴室，是一个一开间的小室，是弹琴习唱的地方；位于一个独立的小院中，庭前砌有湖石壁山，配以丛竹，环境幽静闲适，与居宅、园林部分的联系都堪称便利。扬州瘦西湖小金山南麓的琴室、镇江焦山的别峰庵西跨院郑板桥读书处，都位于僻静的小庭园中，虽是"小筑"、"斗室"，也要把"胸中所蕴奇"的构思充分体现出来，达到"室雅何需大，花香不在多"的艺术意境。

7. 楼阁

楼阁是园林内的重要点景建筑，不仅体量较大，而且造型丰富，变化多样，有广泛的使用功能。《说文》云："楼，重屋也。"《尔雅》云："狭而修曲曰'楼'。"《园冶》云："言窗牖虚开，诸孔楼楼然也。造式，如堂高一层者是也。"说明了中国古代楼的形式是多种多样的。

"阁"是由于阑建筑演变而来。《园冶》云："阁者，四阿开四牖。汉有麒麟阁、唐有凌烟阁等，皆是式。"

楼与阁在形制上不易明确区分，而且后来人们也时常将"楼阁"两字连用。刘致平在《中国建筑类型及结构》一书中认为"楼与阁无大区别，在最早也可能是一个东西，它们全是干阑建筑同类。"

（1）我国历史上的著名楼阁

我国历史上著名的楼阁很多，如武昌黄鹤楼、南昌滕王阁、湖南岳阳楼并称为"江南三大名楼"，还有云南昆明的大观楼、山西万荣县的飞云楼、四川成都望江公园铁崇丽阁等。

黄鹤楼位于武昌大江之滨、蛇山黄鹤矶头，楼因山而名。相传三国吴黄武年间创建，后各代屡毁屡修，致"楼之兴废，更莫能纪"，仅清代就重修过四次。附会有许多神话，如王子安乘鹤由此经过；费文伟驾鹤返憩于此；辛氏在此卖酒，一道士常来饮之，辛不要酒资，道士走时用橘皮在壁上画一黄鹤："酒客至拍手，鹤即下飞舞"，辛因此致富，等等。历代不少名人到此摹景抒怀，尤因唐人崔颢《黄鹤楼》闻名千古。唐人阎伯理在《黄鹤楼记》中曾称它："耸构巍峨，高标宠苁，上倚河汉，下临江流，重檐翼馆，四闼霞敞，坐窥井邑，俯拍云烟，亦荆吴形胜之最也。"宋代陆游在《入蜀记》中，也称它为"天下绝景"。从宋代流传下来的一幅界画中可以看出，建筑俯临大江，景界开阔，建筑造型有主有从，丰富舒展，是自然环境中的优美点缀，如图 4-17 所示。

滕王阁位于南昌市西，面临赣江。阁为唐高祖李渊第二十二子、唐太宗李世民之弟、滕王李元婴都督洪州时，为饮宴歌舞而兴建，阁以其封号命名，时为高宗永徽四年（653 年）。阁高 30 米，共三层，东西长 28.7 米，南北宽 15 米。还有两亭，南曰"压江"，北曰"挹翠"。高宗咸亨二年（671 年）九月九日，洪州都督阎伯理在此大宴宾客，欲夸其婿吴子章的文才，令宿构序。王勃南下交阯省父，途经南昌与宴，即席挥笔写下《滕王阁序》，成为千古美文。从此文以阁名，阁以文传，宋代韩愈称："江南多临观之美，而滕王阁独为第一，有瑰丽绝特之称。"元画家夏永画有界画《滕王阁》，可略窥旧貌一二。其阁兴废 28 次，最后焚于 1926 年兵燹。直至 1983 年，南昌市人民政府决定重建，1985 年重阳节动工，1989 年重阳节竣工，历时 4 年。新的滕王阁是根据梁思成草图并参考宋人彩图《滕王阁》等资料重新设计建成，如图 4-18 所示。

岳阳楼位于湖南岳阳市西门城楼上，面向洞庭湖。相传始为三国吴将鲁肃训练水师的阅兵台，于唐代始建楼。杜甫《登岳阳楼》诗中云："昔闻洞庭水，今上岳阳楼。吴楚东南坼，乾坤日夜浮。"宋庆历五年（1045 年），滕子京守巴陵时重修，并请范仲淹撰《岳阳楼记》，名声益振，便有"洞庭天下水，岳阳天下楼"的盛誉。元夏永画有界画《岳阳楼》，略见旧貌一二。现建筑建于清同治六年（1867 年），主楼平面呈长方形，宽 17.24 米，深 14.54 米，三层通高 19.72 米，重檐盔顶，气势雄伟，然总不及夏永画中那种雄姿壮观，如图 4-19 所示。

云南昆明的大观楼，南临滇池，与太华山隔水相望，以开阔明丽的风光和著名的长联闻名于天下。始建于康熙二十九年（1690 年），建楼两层。道光八年（1828 年），增为三层，从此便成为文人墨客赋诗论文的雅集之地。咸丰七年（1857 年），毁于兵火。现存楼为同治八年（1869 年）重建。平面为正方形，高三层，每层都有挑出深远的屋檐，下大上小，向上收分。顶部为黄琉璃攒尖顶，下部坐落在一个宽敞的平台上，四周绕以汉白玉石栏，造型稳重、端庄、飘逸。登楼远望，远山如黛，池水溟濛深远，视界十分开阔。它的四周还有一些低矮的亭台廊馆，衬托着主体，如图4-20所示。

图4-17 武昌大江之滨——黄鹤楼

图4-18 位于南昌市西，面临赣江——滕王阁

图4-19 位于湖南岳阳市西门城楼——岳阳楼

图4-20 南临云南昆明滇池——大观楼

在著名的楼中，不得不再次提到山西万荣县的飞云楼。因庙居解店镇，俗称解店楼。创始年代不详，按其平面规制，唐贞观时已有楼。元、明两代重修，清乾隆十一年（1746年）重建，即现存建筑。楼平面方形，三层四滴水，十字歇山式楼顶，露面三级，隐于平座之内的暗层两级，实为五级，底层左右筑壁，前后穿通，4根通柱直达楼顶。上两层皆有勾栏，每面各出抱厦一间，又用二平柱分为三小间，上筑屋顶，山花向外，下面用穿插枋和斜材挑承，结构巧妙，外观玲珑。各层檐下斗棋密致，结构位置不同，形状亦异，与檐头三十二个翼角相交织，秀丽壮观。每当天高云淡，有朵朵

白云在楼外掠过，看上去好像从楼中飞出，凭栏远眺，县城风貌历历在目。飞云楼为我国楼阁式建筑的代表作，是我国现存古代楼阁中最精美者之一，在建筑技术和艺术上都达到了极高的水平，如图 4-21 所示。

四川成都望江公园内的崇丽阁，取晋代文学家左思《蜀都赋》中的名句"既丽且崇，实号成都"之意而名。阁为木构，高 30 多米，上下四层，上两层为八角，下两层为四角，阁尖为鎏金宝顶。相传为唐代女诗人薛涛所建，旁尚存薛涛古井一口。园中翠竹万竿，幽篁如海，清趣无穷，当地称其为"竹的公园"。

（2）楼阁在园林中的布局

图 4-21　山西万荣县的飞云楼

计成在《园冶·楼阁基》中说："楼阁之基，依次序定在厅堂之后，何不立半山半水之间，有二层、三层之说，下望上是楼，山半拟为平屋，更上一层，可穷千里目也。"他这里主要说的是楼阁继厅堂之后，在园林中的布局问题，或依山腰，或濒水边。楼阁在园林中的布局，大体可以归纳为因山和临水两种方式。

1）因山建楼

山生静，山地建楼，正如乾隆皇帝在解释圆明园互妙楼的命名时说："山之妙在拥楼，而楼之妙在纳山，映带气求，此'互妙'之所以得名也。"这段话很确切地表达了楼阁景观与山体景观彼此相互得"妙"的关系。根据楼阁在山体的位置，又可细分为山顶楼阁、山腰楼阁、山麓楼阁和依崖楼阁四种。

山顶楼阁：山顶环境，四面开敞，视野广阔，具有极佳的观景广度和深度，在山顶构建楼阁，必然成为整个园林风景的制高点，易构成丰富优美的轮廓线，成为某个园林的标志景观，雄伟而气势磅礴。游人登楼极目，即可产生豪放之情，居高临下，获得"一览众山小"的心理优势。

佛香阁始建于乾隆十六年（1751 年）。此年清乾隆皇帝第一次巡游江南，对杭州钱塘江畔的六和塔极为欣赏，回銮后命在万寿山上进行仿建，为其母 60 寿辰寿礼，并命名为"延寿塔"。不料修到第九层时，出现坍塌迹象，被迫拆除，改进为木结构的佛香阁，于 1760 年正式竣工，阁内一至三层陈设供奉数十尊不同造型的佛像。清代乾隆、嘉庆、道光、咸丰四朝皇帝都曾登临佛香阁，焚香拜佛，诵经祈祷。咸丰十年（1860 年），被英法联军纵火烧毁。光绪十七年（1891 年），慈禧太后挪用海军经费，照原有尺寸进行重建，历时四年，用银约 80 万两。重建后的佛香阁，高 41 米，下有 20 米高的石台基，用虎皮石砌成。八面三层四重檐，顶为八角攒尖式，每层出廊，雕栏画楣，勾心斗角。全阁气势恢宏，巍峨耸立。楼内一至三层还建有转角楼梯，拾级而上，湖光山色尽收眼底。

山腰楼阁：山腰构建楼阁，最宜"依山就势，巧用地形"。乾隆在《塔山四面记》中曾说："山无曲折不致灵，室无高下不致情。然室不能自为高下，故因山以构室者，其趣恒佳也。"论述了应随山形的高差变化来布置楼阁建筑，以实现"其趣恒佳"的审美效果。山腰的地形特征，地势倾斜，高低变化丰富，正面视野开阔，有较好的观景条件。

在山腰构建楼阁，大致有两种地形。一是藏于山间，这种地形一面开阔，三面闭塞，环境清幽，如峨眉山腰的清音阁，它建在迎面幽谷的山腰之上，两侧山峦相夹，地形狭长。二是立于山坡，这种地形三面开阔，一面依山，楼阁布局沿山坡展开，场面宏大，常作为景区建筑空间序列的终点或高潮。

山麓楼阁：其地形为平地与山峦的交接部，是平地空间的终端，又是山体空间的起点，地势较为平缓，常依山傍水，能获得较深远的风景层次。这里构建的楼阁，可将山地与平地、横向与纵向两种不同的地貌有机地联系起来，因此它的造型及其体量，要受到两方面的影响，既要与背依的山势相呼应，又要控制联系山前景区。

依崖楼阁：这些楼阁往往面临奇特的风景特征，壁立万仞，地形狭窄，垂直高度角最大，仰面观景最好。依崖构建楼阁，多采用层层叠落的竖向构图形式，因借其惊险奇特，与绝壁充分结合，以突出其"险"、"奇"效果。

此外，我国许多石窟建筑，都是采用依崖而建的楼阁形式，如大同石窟、敦煌石窟等。

2）临水建楼

"水令人远"，临水建筑楼阁，由于水面比较旷远，因此要求其造型体量应该能够统摄水面景区，并通过波光倒影，产生"秋水共长天一色"的美景。临水建楼，大致有依水楼阁和环水楼阁两种。

依水楼阁：建在水边的楼阁，水面宽广深远，通过竖向的增高，以增加其控制水面的区域和雄伟的气势。

承德避暑山庄的烟雨楼，构建在如意洲北面澄湖中的青莲岛上。楼两层，面阔五间，回廊环抱。它是澄湖视高点，凭栏远眺，万树园、热河泉、永佑寺等景观历历在目。每当夏秋之季，烟雨迷漫，不啻山水画卷，如图4-22所示。

环水楼阁：即把楼阁构建于水中或水中岛上，近处无景可依，楼阁成为水域空间的中心，控制整个景区，对景区景观起着强化标志的作用。

总体说来，园林内临水的楼阁，一般造型比较丰富，体量与水面大小相称，避免呆滞死板的处理。如苏州留园的明瑟楼，位于池南，因池面不大，楼的面阔仅一个半开间。拙政园的倒影楼，位于西园狭长形水面的尽端，为避免体量过大而极力压缩面阔，使楼的平面呈方形，并降低二楼的层高，正立面以全部木装修作"虚"的效果，使楼形显得轻盈欲动，取得了很好的艺术效果，如图4-23所示。

图4-22　承德避暑山庄的烟雨楼　　　　　　　图4-23　苏州留园的明瑟楼

8. 桥

桥梁是架空的道路，水上的建筑，它近水而非水，似陆而非陆，架空而非空，是水、陆、空三个系统的交叉点。它作为建筑艺术的一个部分，本来是以实用性（沟通两岸交通）来实现其社会价值的；但一旦把它组合到园林之中，实用性的要求就让位于审美性的要求了。

中国园林中的桥在规划设计中要特别注意处理好位置、大小与造型三个问题。

园林中的桥，一般采用拱桥、平桥、亭桥、廊桥等几种类型。

（1）拱桥

一般是石条或砖砌成圆形拱券，券数以水面宽狭而定，有单孔、双孔、三孔、五孔、七孔、九孔或数十孔不等。其券形有半圆、双圆、弧状等，既有初月出云般的短曲，又有长虹卧波般的长曲；既有轻波微澜的平曲，又有驼峰隆实般的陡曲，其桥孔呈现出不同的曲线美，如图 4-24 所示。

拱桥的特点：一是能充分发挥拱券结构的力学性能；二是跨度较大；三是较为美观；四是便于水上交通。

图 4-24　河北省赵县洨河上的赵州桥

拱桥是园林中造型最美的桥，圆拱曲线圆润，富有动态感。颐和园西堤上的玉带桥，采用蛋形陡拱，桥面呈双曲反抛物线，桥身和石栏均采用汉白玉大理石琢磨而成，色调明丽、谐和，体态多姿，如图 4-25 所示。另一座十七孔桥，是座连续的拱券长桥。在创造万寿山前湖景区的景观效果十分突出，以完美的艺术形象点染了湖面景色，堪称凝固的音乐，在粼粼波光的漾动下，似乎正在奏响一支轻快而悠长的奏鸣曲，实在美轮美奂，如图 4-26 所示。

图 4-25　颐和园西堤上的玉带桥

图 4-26　颐和园内连接南湖岛的十七孔桥

（2）平桥

平桥一般用于小水面、小空间环境中，运用木材、石板搭成，有单跨、多跨等不同形式。桥墩一般用石块砌筑，上面架石条或木板，无栏无柱，简洁大方。平桥一般跨度较小，桥身较低，临近水面，人行其上，恍同凌波漫步，具有亲切的尺度感和飘逸感。这在江南园林中采用较多。

单跨平桥，简洁、轻快、小巧。由于跨度很小，溪谷较浅，可不设栏。折线形平桥可克服长而直的单调感。曲折变化的大小和长短，视水面的环境而异，有一折、二折、三折、四折……最多有九折，名曰"九曲桥"，已成为我国园林中惯用的专门名词。游人在九曲桥上行进，可不断变幻视线的方向和角度，使游人在水面上能停留较多的时间，增加游赏的兴趣，产生"步移景异"的艺术效果，扩大了园林的空间感，如图 4-27 所示。

图 4-27　江南古典园林中的曲桥

（3）亭桥

在南方园林中运用最早，以后在北方园林中也有运用。桥上置亭、筑廊，一可纳凉避雨，驻足休憩；二是使桥的形象多姿，增加桥体自身的美感。

颐和园西堤上的五座桥亭（豳风桥、镜桥、练桥、柳桥、荇桥），它们在造型上互不雷同，桥形、亭形各异，亭形与桥形能互相配合，组成一个完美的整体。它们的布局直接模仿杭州西湖苏堤的布局，它们的形制则都仿自扬州五亭桥的形制，如图 4-28 所示。

（4）廊桥

在园林中运用不多，由于桥体一般较长，桥上再架以廊，它们在空间上的分划作用是很突出的。

苏州拙政园的小飞虹廊桥，在组织园景方面既分隔了空间，又增加了水面的层次和进深，是很成功的实例，如图 4-29 所示。

图 4-28　颐和园西堤上的五座桥亭之一的柳桥，桥名取自"柳桥晴有絮"的诗句　图 4-29　苏州拙政园中的廊桥——小飞虹

9. 园路

（1）园路的观景功能

中国园林与西方古典园林在艺术风格上很不相同，反映在园路的规划布局上，西方古典园林的道路系统，很重视平面上的图案花纹、几何对称，图案形的路面与几何形的树形相结合，以追求一种形式美、理性美；而中国园林的园路设计，则力求顺应自然，随机灵活布局，以寻求自然的意趣。即使在一些建筑物比较规整的皇家园林中，建筑群之间虽然十分讲究中轴线的运用，但也尽可能多地自由布局山水、花木、道路，使其在建筑群中穿插、引连，以取得在庄严、肃穆的气氛中，得到一种活泼、自由的情趣。

"因景设路，因路得景"，是中国园路设计的总原则。园路是园林中各景点之间相互联系的纽带，使整个园林形成一个在时间和空间上的艺术整体。它不仅解决了园林的交通问题，而且还是观赏园林景观的导游脉络。这些无形的艺术纽带，很自然地引导游人从一个景区到另一个景区，从一个风景点到另一个风景点，从一个风景环境到另一个风景环境，使园林景观像一幅幅连续的图画，不断地呈现在游人的面前。导游的连贯性与园路形态的变幻性，构成了中国园路的两大本质。人们在园林中漫步，是为了接触自然风景，投身于大自然的怀抱，去接受自然景色的无私赠予。它应该随着园林内地形环境和自然景色的变化，随机布置，时弯时曲，此起彼伏，很自然地引导游人欣赏园林景观，给人一种轻松、幽静、自然的感觉，有一种在闹市中不可能获得的乐趣。

（2）园路的特点

园路概括起来有三大艺术特点。

1）妙于迂回曲折

如《园冶》所述的"开径透迤"；"随形而弯，依势而曲，或蟠山腰，或穷水际，通花渡壑，蜿蜒无尽。"布局"不妨偏径"，这样可以"顾置婉转"。有时"绝处犹开，低方忽上"；有时好似走到尽头，却又峰回路转，别开新境；行到低处，忽而又转向高方，仰望与俯视不断变换着视线的角度和高度。"境贵乎深，不曲不深"，这一原则不仅适用于绘画，也适用于造园。中国古代园路的设计，都毫无例外地避免笔直和硬性尖角交叉，强调自然曲折变化和富于节奏感。

宋徽宗对宋代著名皇家园林艮岳的园路倍加赞赏，他在《艮岳记》中说："随其斡旋之势，斩石开径"，"盘行萦曲"，"用环曲折，有蜀道之难。"乾隆对承德避暑山庄的园路布局曾赋诗曰："蹬以曲致佳，道实近若远"，也反映了中国园路的迂回曲折的艺术特点，如图 4-30 所示。

图 4-30　自然曲折的古典园林园路

2）追求自然意趣

明代郑元勋《影园自记》记影园之路说："大抵地方广不过数亩，而无历尽之患，山径不上下穿而可坦步，然皆自然幽折，不见人工。"

3）讲究路面的装饰效果

中国园林中的道路，不仅注意总体上的布局，而且也十分注意路面本身的装饰作用，使路面本身成为一种景。计成对此在《园冶·铺地》中详述道："如路径盘蹊，长砌多般乱石；中庭或宜叠胜，近砌亦可回文；八角嵌方，选鹅子铺成蜀锦；层楼出步，就花梢琢拟秦台。锦线瓦条，台全石版，吟花席地，醉月铺毯。废瓦片也有行时，当湖石削铺，波纹汹涌；破方砖可留大用，绕梅花磨斗，冰裂纷纭。"他还具体列举了一些路面，如乱石路："园林砌路，堆小乱石砌如榴子者，坚固而雅致"；鹅子地："大小间砌者佳"，"嵌成诸锦犹可，如嵌鹤、鹿、狮球，犹类狗者可笑"；冰裂地："乱青版石，斗冰裂纹"，"意随人活，砌法似无拘格"；诸砖地：有人字式、席纹式、斗纹式、六方式、攒六方式、八方间六方式、套六方式、长八方式、八方式、海棠式四方间十字式等，并具体绘了图式。经过装饰的园路，达到了"路径寻常，阶除脱俗，莲生袜衣，步出个底来；翠拾林深，春从何处是"的艺术效果，如图4-31所示。

北京紫禁御花园的花石子路遍及全园，总数达700余幅之多。御花园中的花石子路，可以说是中国园林花石子路艺术的大荟萃，已作为古代建筑艺术品被保留下来，如图4-32所示。

综上所述，园林中的道路设计要提供旅游观赏者审美心理运动的诱导线索。这条诱导线索，既把山体景观、水面景观与建筑景观有机地联系起来，又把审美主体与审美客体沟通起来，以满足人们的审美欣赏需要。

10. 园门

中国古典园林的大门，在封建社会是园主社会地位的标尺，故非常重视。特别是明、清两代，对宫殿、寺庙、住宅等使用的大门规定了严格的等级，不能随便逾越混用。旧社会结亲讲究门当户对，足见其"门"成为一个家族等级的表征。这个表征，也充分反映到园门上，皇家园林都采取宫殿大门的形式，以体现皇权的赫赫威势；私家园林的大门形式，因园主社会身份的不同而显示丰富多彩。从园门的个体形象来说，大体可以分为以下三种类型。

（1）牌坊门

牌楼是一种形象很华丽而且起点睛作用的建筑物，往往作为一种入口的标志，也具有大门的功能。它以丰富的造型、精美的装修和绚丽的色彩，非常令人注目，成为具有中国风格的民族建筑之一。牌坊的形式，是从华表柱演变而来的，在两根华表柱的上头，按上横形的梁枋，即成了最初的牌坊形式。

牌楼的种类，依据所使用的材料，可划分为木、石、琉璃、木石混合、木砖混合五种；依据外形，则可划分为柱出头（俗称冲天）和不出头两种。

牌楼大体有一间二柱、三间四柱、五间六柱等几种，其中以三间四柱式最为常见，如图4-33所示。

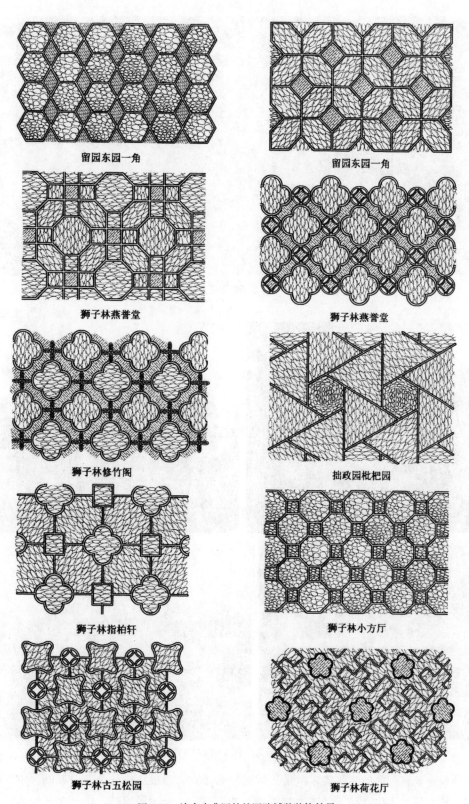

留园东园一角　　　　　　　　留园东园一角

狮子林燕誉堂　　　　　　　　狮子林燕誉堂

狮子林修竹阁　　　　　　　　拙政园枇杷园

狮子林指柏轩　　　　　　　　狮子林小方厅

狮子林古五松园　　　　　　　狮子林荷花厅

图 4-31　诸多古典园林的园路铺装装饰效果

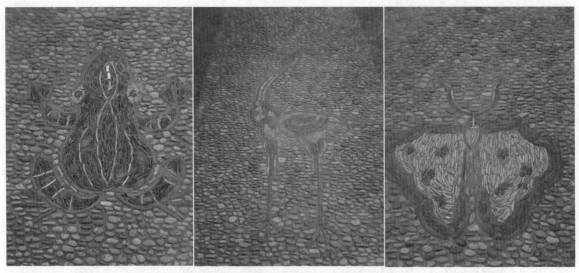

图 4-32　北京紫禁御花园的花石子

图 4-33　最为常见的三间四柱式牌楼

例如颐和园东宫门外的木牌楼，就是三间四柱七楼式，四根立柱分为三个开间，中间比左右两侧间稍宽，柱上架着大小额枋，额枋上端以细巧的端棋支承着七段屋顶，中间明楼最高，两旁侧楼稍低，明楼与侧楼之间的夹楼再逐层降低，形成了丰富而跳动的造型。柱的下部以较高的石基座固定，柱的前后用戗柱支撑，以防倾倒。牌楼正面额上写着"涵虚"，影射着前面水景；背面额上写着"罨秀"，暗指着背面的山景。

牌楼是独立式建筑，无依无傍，巍然耸立，搏风击雨，有的数百年不倾不圮，其关键在于其特殊的结构形式和构造特点。这些结构形式和构造特点既不同于殿堂楼阁，也不同于亭馆轩榭，是牌楼自身所独有的。

（2）垂花门

垂花门的形式特点是在檐檩下不置立柱，而改做倒挂的莲花垂柱，其屋顶由清水脊后带元宝脊，前后勾搭而成。它作为一种具有独特功能的建筑，在中国古建筑中占有一定的位置，中国传统的住宅、府邸、寺观、园林，都有它独特的地位。

垂花门在园林建筑中，一般作为园中之园的入口。此外，常常用于垣墙之间，作为随墙门；用于游廊通道时，则以廊罩形式出现，既具有划分园林空间的作用，又具有隔景、障景与借景等艺术作用。由于垂花门本身就是风景优美的点景建筑，可以独立成为一个景观，因此在中国古典园林建筑中，有着非常重要的地位，如图 4-34 所示。

垂花门金碧辉煌，雕镂精细，造价很高，因而非一般私家园林所能为，只能为阔气的皇家园林和御建的寺庙园林所广泛采用。垂花门的类型很多，最常见的是做成前、后两个屋顶，以勾连搭的方式组成为一个整体。屋顶可以是两个卷棚悬山顶，或一个卷棚顶与一个清水脊顶的组合，如图 4-35 所示。

图 4-34　左图为垂花门的基本形式，右图为颐和园排云殿西侧的画中游景区北门　　图 4-35　恭王府东路的垂花门是一个卷棚顶与一个清水脊顶的组合

（3）砖雕门楼

砖雕门楼多运用于江南园林中，尤以徽式园林中更为多见。它作为建筑物的入口标志，采用考究的雕刻装饰手法，构成各种不同的造型，打破了在平整的白粉墙面上的单调之感，达到古建筑艺术美的效果。其造型主要有垂花式门楼、字匾式门楼、牌坊式门楼三种。

江南园林中的垂花式门楼与北方垂花门楼大致相同，只是北方的为木质，颜色艳丽；南方的为砖质，简朴淡雅，五路排沿线上的鳌鱼翘脊，沿线下配额枋、挂耳、花版和两边对称的倒挂垂花柱及化篮等组合，镶嵌在大门上方，表现出富贵华丽的殿宇式装饰风采，但其立体感不如北方木质垂花门。

砖雕的形式多种多样，大致有平面雕、浅浮雕、深浮雕、透雕、镂空雕等。砖雕具有突出的优点：一是寿命长，其寿命至少可以与建筑物相等，甚至超过主体建筑物的保存期，其抗御自然损害的能力远胜于木雕、竹雕；二是砖雕的艺术效果远胜平面绘画，它比平面绘画具有更为实在的立体感，特别是立体透雕，可以在每个角度较为全面地反映艺术形象，如图 4-36 所示。

图 4-36　江南园林中的砖质垂花式，简朴淡雅

（4）屋宇式门

屋宇式门在园林中运用得十分广泛。牌楼式门在平面上只有一片，缺乏深度，不便于遮阳避雨，必须与其他建筑结合在一起运用；垂花式门虽然形象丰富，但它的尺度有限，仅用于小的入口，一般不用于园林的正门。屋宇式门就可避免上述两种形式的不足，它的形式多样，且随着时代的发展而在不断地变化着。我国私家园林的大门，大多采用屋宇式门，如南京瞻园、苏州拙政园、扬州个园等，如图 4-37 所示。

图 4-37　左图为南京瞻园，右图为扬州个园

总之，园门建筑具有多种功能，既是不可缺少的管理设施，又是游客集散的交通设施，也是游园观赏者心理过渡的审美设施。无论怎样，必须和园内的景观直接联系起来，起到引景、点景的审美作用。

11. 墙

（1）园墙

在中国园林中，墙的运用很多，也很有自己的特色。这显然与中国园林的使用性质与艺术风格有关。

我国造园师经过长期总结和积累，总结出如下三方面的经验措施。一是从墙的形式上着手，做成波浪形的云墙、龙墙，形成高低起伏的主体轮廓，打破沉闷、呆板。二是从墙的颜色上着手，采用白色墙面、黑色瓦顶，总的色调清淡素雅。以白墙作背景，衬托山石、花木，形成多变的光影效果，犹如在白纸上作画，十分生动有趣，为园林增色不少。三是墙上开洞，做成洞门、漏窗或洞窗。形成明暗与虚实对比，再配以花木、山石，将园墙的沉闷、单调感，一扫而光，非常巧妙。

（2）漏窗、洞窗、洞门

计成在《园冶》中专设一节"门窗"，他说："门窗磨空，制式时裁，不惟屋宇翻新，斯谓林园遵雅。"可见他重视造园中漏窗、洞窗、洞门的作用。

洞门的高度和宽度，需要考虑人的通行，下部要落地，因此尺寸较大，并多取竖向构图形式。其形式大致有方门合角式、圈门式、上下圈式、入角式、长八方式、执圭式、葫芦式、莲瓣式、如意式、贝叶式、剑环式、汉瓶式、花觚式、著草瓶式、月窗式、八方式、六方式等，仅有门框而没有门扇。最常见的是圆洞门，又称月洞门。洞门的作用，不仅引导游览、沟通空间，而且其本身就是园林中的一种装饰，通过洞门透视景物，可以形成焦点突出的框景。采取不同角度交错布置园墙的洞门，在强烈的阳光下，会出现多样的光影变化，如图 4-38 所示。

图 4-38　中国古典园林里的各式门洞

漏窗与洞窗，较洞门更为灵活多变，可竖向、横向构图，大小花式可以有较大变化，主要依据环境特点加以设计，大体可以分为曲线型、直线型和混合型三类。

　　漏窗，又名花窗，是窗洞内有镂空图案的窗，多用瓦片、薄砖、木材等制成几何图形，也有用铁丝做骨架，灰塑人物、禽兽、花木和山水等图案，其花纹图形极为丰富多样，在苏州园林中就有数百种之多。构图可以细分为几何图形与自然形体两大类，也有两者混合使用的。漏窗高度一般在1.5米左右，与人眼视线相平，透过漏窗可以隐约看到窗外景物，取得似隔非隔的效果，以增加园林空间的层次，做到"小中见大"，如图4-39所示。

图 4-39　中国古典园林里有各种镂空图案的漏窗

　　洞窗，不设窗扇，有六角、方胜、扇面、梅花、石榴等形状，常在墙上连续开设，各个形状不同，故又称为什锦花窗。而位于复廊隔墙上的，往往尺寸较大，内外景色通透，与某一景物相对，形成一幅幅框景。因此，具有特定审美价值的漏窗、洞窗、洞门，概括言之，其主要艺术功能有二，一是隔景，二是借景。景中有画，画中有景，是园林景美的集中所在。"取势在曲不在直，命意在虚不在实"。在虚实辨证互补的基础上，这是中国古代筑园家们运用漏窗造景的审美之一。

4.2　中国园林建筑的屋顶及屋脊

4.2.1　中国建筑的屋顶种类

中国建筑的屋顶形式是中国建筑造型中起决定性作用的重要因素，西方人称赞中国建筑的屋顶是中国建筑的冠冕。

现在让我们总览一下中国建筑屋顶的概况，前面把决定中国建筑屋顶的关键结构已做了详细的论述，诸如屋顶的步架与举架、庑殿的推山与歇山顶的收山、攒尖顶的类型、翼角的起翘与出冲以及翼角的演变等。这些都是决定中国建筑屋顶造型的关键，所以必须要有一个明确而深刻的了解。正是由于有了这些造型的基本规律，古代的工匠们才能创造出千变万化的屋顶造型来。

1. 单体建筑的非复合屋顶

中国建筑的形式与造型是依等级而排列的。它的等级顺序大致可以排成：重檐庑殿、庑殿、重檐歇山、歇山、卷棚歇山、悬山、卷棚悬山、硬山、卷棚硬山。攒尖顶等级排列如下：重檐四角攒尖、重檐圆攒尖、重檐八角攒尖、重檐盝顶、盝顶、盆顶、圆攒尖、四角攒尖等，如图 4-40 所示。

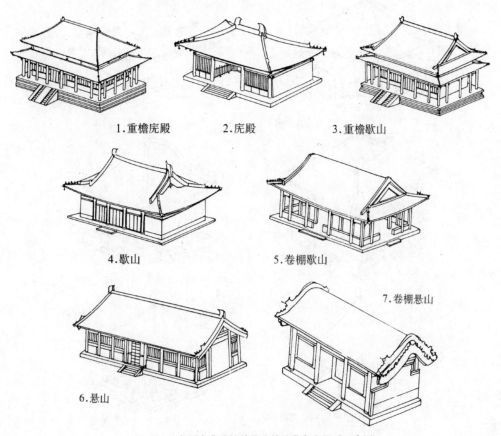

图 4-40　中国古典建筑单体建筑的非复合屋顶示意图

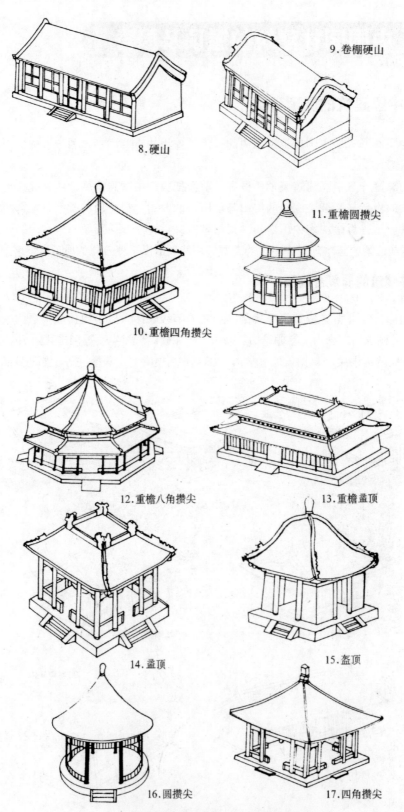

图 4-40　中国古典建筑单体建筑的非复合屋顶示意图（续）

以上是单体建筑的屋顶形式，仅这些就已经是琳琅满目了，让我们看几个具体的单体建筑屋顶，并加以赏析，看看中国建筑屋顶美在何处。

故宫太和殿是重檐庑殿的代表作，故宫是高规格的皇家宫殿建筑，因而采用了高规格的重檐庑殿形式来建造故宫轴心上最为重要的金銮殿——太和殿，这是皇帝举行重要大典的场所，是整个故宫的核心。三层白石台阶的高度已超过旧北京城所有民居建筑的高度，如有胆敢超过者必要受到追究与惩处。建筑立面阔为十一间，也是最高级数，屋斜脊上的走兽为十个，斗拱出挑数为九踩，这在建筑中都是最高等级的规格。巨大的屋顶覆盖在柱廊与墙身上，皇宫特有的红墙黄瓦组合成一座气魄宏大的宫殿建筑。该屋顶虽然体量巨大，但在蓝天的映衬之下，金黄色的屋顶毫无压抑之感，其原因如下：由于采用了重檐处理手法，增加了层次，破了体量巨大的感觉。其次是正脊的长度远远小于檐口的长度，它几乎是重檐檐口长度的 1/3，屋顶上收得体，因而屋顶体量也不显过大。再者就是四条斜脊由于做了推山，所以屋面曲线轻盈流畅，屋角显得精巧，所以把巨大的屋顶重量软化了。由于以上三种原因，所以太和殿的整体造型雍容大雅，庄重威严。不失泱泱大国之风度。重檐歇山顶是仅次于重檐庑殿顶规格的建筑，此种形式一般用在重要的门楼上或高规格的礼制建筑、城池建筑、陵寝建筑范畴中。

2. 琉璃屋面的构件与构造

中国古建筑琉璃屋面的构件到了明清时已发展到 124 种之多，如此繁多的种类大体按其功能与位置可分为三大类，即瓦件类、脊件类和饰件类。中国古建筑屋顶上的屋面铺料就以此三大类构件所组成。下面对这三大类构件分别加以介绍。

（1）瓦件类

瓦件种类繁多，归纳起来共计有 37 件之多，这些都是中国建筑屋顶上必不可少的琉璃构件，如图 4-41 所示。

（1）板瓦（底瓦）：凹面向上，由第一块安放在滴水之后，一块压一块，一直向上排去，直至屋脊，板瓦沾琉璃为露出部分，不得少于瓦面的 2/3。

（2）续折腰板瓦：用于连接折腰板瓦与板瓦。

（3）折腰板瓦：是过垄脊部板瓦，瓦面全部上釉。

（4）滴水（滴子）：瓦前端带有如意形滴唇的板瓦，用于瓦垄沟最前端部，外露部分上釉。

（5）平面滴子：用于水平天沟底瓦端头。

（6）满面砖：有满面黄与满面绿两种。用于围脊（榑脊）的最上部，以遮盖围脊与围脊枋间的空隙。

（7）合角滴子（割角滴子、咧角滴子）：用于出角的转角处。

（8）螳螂勾头（螳螂沟头）：用于翼角前端，割角滴子之上。

（9）榑脊瓦：用于榑脊最上部。

（10）钉帽：用于遮盖勾头之上的瓦钉，其形状有馒头形与钟形两种。

（11）筒瓦（盖瓦）：覆盖两列板瓦的缝隙并形成瓦垄，其中一端做熊头，可与另一块筒瓦连接。

（12）罗锅筒瓦：用于过垄脊（元宝脊）上部。

（13）续罗锅筒瓦：连接罗锅筒瓦与筒瓦，一端有熊头。

（14）蹬脚瓦：是围脊的扣脊瓦。

（15）勾头（沟头，猫头）：位于盖瓦垄端部，置于滴水之上，由瓦钉和钉帽固定。

（16）抓泥勾头：图示为反面，内有胆，可栓铁丝固定。

（17）镜面勾头（直房檐）：位于水平天沟盖瓦端头，瓦当下沿为平口，且无纹饰。

（18）方眼勾头：位于翼角戗脊端头，仙人之下。

（19）螳螂勾头现代式：功能同（8）号样式。

（20）滴形勾头（凸龙勾头）：勾头瓦当为滴水形。

（21）斜当勾（斜当沟、斜挡沟、雁翅当勾）：该构件位于庑殿脊、戗脊、角脊下部瓦垄之上。

（22）撞尖板瓦：位于攒尖屋面与宝顶连接处的板瓦。

（23）割角板瓦（搭角板瓦、咧角板瓦）：用于翼角戗脊两侧与脊相接，为底瓦。

（24）平面当勾（圆当勾）：是正当勾的一种，用于攒尖屋面与宝顶相接。

（25）羊蹄勾头：位于屋面窝脚天沟两侧瓦垄的勾头。

（26）正当沟（正当勾、正挡沟）：位于正脊下部与瓦面相接处。

（27）托泥当勾：位于歇山垂脊端的下部，与瓦面相接。

（28）吻下当沟（吻厢当沟）：用于正脊大吻吻垫之下。

（29）元宝当勾（山样当沟）：用于过脊垄（元宝脊）下部与瓦面连接。

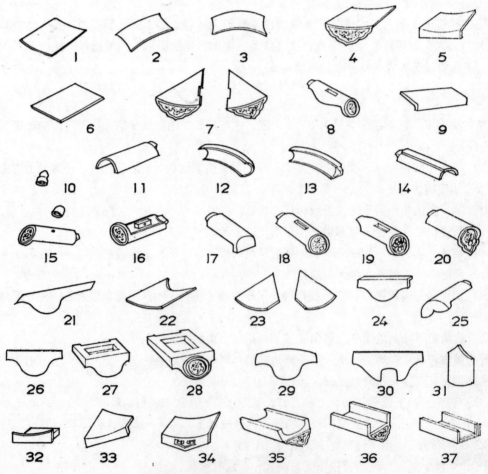

图 4-41　中国建筑琉璃屋面上的瓦件示意图

（30）过水当沟：位于脊中出水口处的当沟。

（31）遮朽瓦：位于翼角端，割角滴子之口下，套兽之上。

（32）瓦口：琉璃瓦口，用于非木质连檐瓦口处。

（33）斜房檐（斜盆檐）：位于斜天沟两侧，羊蹄勾头之下。

（34）天沟头：窝角天色之滴水。

（35）（36）天沟头：天沟端部带滴唇的构件。

（37）天沟筒：天沟中的构件。

（2）脊件类

脊件类装饰是在古代建筑屋顶的正脊、垂脊上所进行的装饰构件，是体现装饰性和功能性并显示建筑等级的一种良好结合，如图 4-42 所示。

（38）通脊（正脊、正脊筒子）：置于五样瓦料以下房屋的屋顶正脊。

（39）赤脚通脊（赤脊）：用于四样瓦料以上正脊。

（40）黄道：与赤脚通脊相配合使用。

（41）大群色（相连群色条）：用于黄道之下。

（42）群色条：用于五样至七样瓦料房屋的正通脊之下，近似于现代装修中的阴角线。

（43）押带条（压带条、压当条）：用于正脊群色条之下、正当勾之上或用于垂脊两侧。

（44）罗锅压带条：用于卷棚箍头脊两侧顶部。

（45）平口条：用于垂脊内侧。

（46）罗锅平条：用于卷棚箍头脊内侧顶部。

（47）垂脊（垂通脊、垂脊筒子）：用于戗脊时称为戗脊筒子（岔脊筒子），垂脊筒与戗脊筒外观相同，仅端部角度稍有变化。戗脊高为同一建筑垂脊高的。此件用于悬山、硬山、歇山垂脊、歇山戗脊、重檐角脊及庑殿脊，常用于七样以上瓦料的房屋。

（48）脊头（垂脊头）：用于兽头的垂脊端部。

（49）垂脊搭头：用于垂背与兽座结合之处。

（50）垂脊戗尖（戗尖）：用于垂脊与正吻连接处。

（51）戗脊割角：用于歇山戗脊与垂脊连接处。

（52）戗脊割角带搭头：用于歇山戗脊，一端与垂脊相接，另一端接戗兽座。

（53）垂脊燕尾（燕尾）：用于攒尖建筑垂脊与宝顶连接处。

（54）燕尾带搭头：用于重檐建筑角脊，燕尾结合角吻搭头接兽座。

（55）罗锅垂脊：用于圆山箍头脊，接罗锅垂脊筒。

（56）继罗锅垂脊：用于圆山箍头脊，接罗锅垂脊筒。

（57）榑脊：用于圆山箍头脊，一面外露部分着釉，一面为平色无釉，砌入围脊内。

（58）承奉榑连砖（承奉连）：一面带釉，一面为无釉平面，用于五样以上瓦料大房的歇山榑脊（也用于围脊）。

（59）榑脊连砖：用于六样以下瓦料歇山建筑的榑脊，一面带釉，一面为无釉平面。

（60）大连砖（承奉连砖）：外观与承奉榑脊连砖相同，两面带釉，用于墙帽或小型建筑瓦面的正脊、垂脊、角脊等。

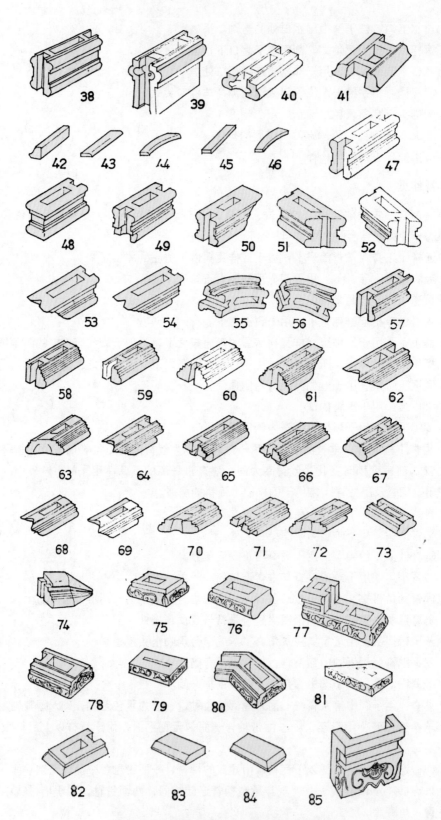

图 4-42　中国建筑琉璃屋面上的脊件类示意图

（61）馇尖大连砖：当大连砖用于垂脊时，位于吻兽结合处。

（62）燕尾大连砖：作用同垂脊燕尾。

（63）合角大连砖：作用同垂脊割角。

（64）燕尾大连砖带搭头：作用同垂脊燕尾搭头。

（65）大连砖带搭头：作用同垂脊搭头。

（66）合角大连砖带搭头：作用同垂脊割角带搭头。

（67）三连砖：用于七样瓦件以上房屋的庑殿脊、馇脊、角脊兽前部分，也用于八九样瓦件（门楼、影壁）建筑的兽后部分。线型同榑脊连砖的正面。

（68）燕尾三连砖：作用同垂脊燕尾。

（69）燕尾三连砖带搭头：作用同垂脊燕尾搭头。

（70）合角三连砖：作用同垂脊割角。

（71）三连砖搭头：作用同垂脊搭头。

（72）合角三连砖带搭头：作用同垂脊割角搭头。

（73）小连砖：外观比三连砖少一道线，当小型建筑（用八九样瓦料者），三连砖用于馇脊兽后时，小连砖用于兽前。

（74）挂头（榑脊尖）：用于榑脊两端，陷入排山沟头滴子之下。

（75）垂兽座：用于歇山垂脊端兽下。

（76）兽座（截兽座）：用于垂脊、馇脊兽下。

（77）莲座（连座）：将兽座与垂脊搭头做在一起，另一端可与垂脊平接。

（78）撺头：用于馇脊（或庑殿角脊）端部，方眼勾头之下，有花纹装饰。

（79）搭头（扒头、搭扒头）：于撺头之下，有纹饰。

（80）咧角撺头：用于硬山、悬山垂脊端部。

（81）咧角搭头：与咧角撺头连用。

（82）三仙盘：用于瓦件在八九样的馇脊头部代替撺头捎头。

（83）披水砖：用于披水排山脊下，山墙榑缝之上。

（84）披水头：用于披水头部。

（85）吻座：用于正脊端部垫托正吻。

（3）饰件类

饰件类如图 4-43 和图 4-44 所示。

（86）正吻（大吻、龙吻、吞脊兽）：位于正脊两端，尺度小用整件，尺度大分几件，二样吻多至 13 块，正吻的附件在顶部的是剑把，背部的叫背兽。

（87）剑把。

（88）背兽角。

（89）背兽。

（90）脊兽（兽头）：用于城防建筑正脊两端，用在垂脊的称为垂兽，用于馇脊的称为馇兽（截兽）。

（91）套兽：用于套在子角梁端部。

（92）仙人：位于馇脊、庑殿脊、角脊、垂脊端部，置于方眼沟头之上。

（93）龙（蹲脊兽）（小跑）：位于仙人之后。

（94）凤。

（95）狮。

（96）海马。

（97）天马。

（98）押鱼。

（99）狻猊：俗称披头，取其形象之意。

（100）獬豸。

（101）斗牛。

（102）行什（猴）：用在最后。

（103）阳角吻：用于重檐建筑围脊转角处。

（104）阴角吻：用于重檐建筑的窝角处。

（105）合角兽：用于城防建筑重檐围脊转角处。

（106）合角剑把：用于合角吻之上。

（107）兽角：用于脊兽之上。

（108～124）各种不同的异形瓦件就不在此一一详释。

中国古建琉璃层面上的饰件主要指提带瓦当的勾头瓦与角吻、正吻、脊兽、套兽、仙人走兽（龙至行什）。走兽的安排从龙到行什，一般均采用单数，依建筑物的不同等级分别采用九、七、五、三不同级数，最高等级目前就属故宫太和殿，用了九个走兽，从龙至行什，如图 4-45 所示。

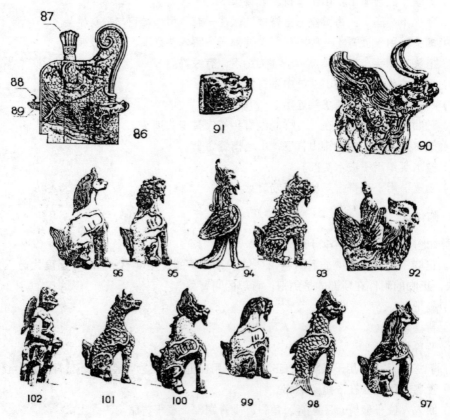

图 4-43　中国建筑琉璃屋面上的饰件类示意图

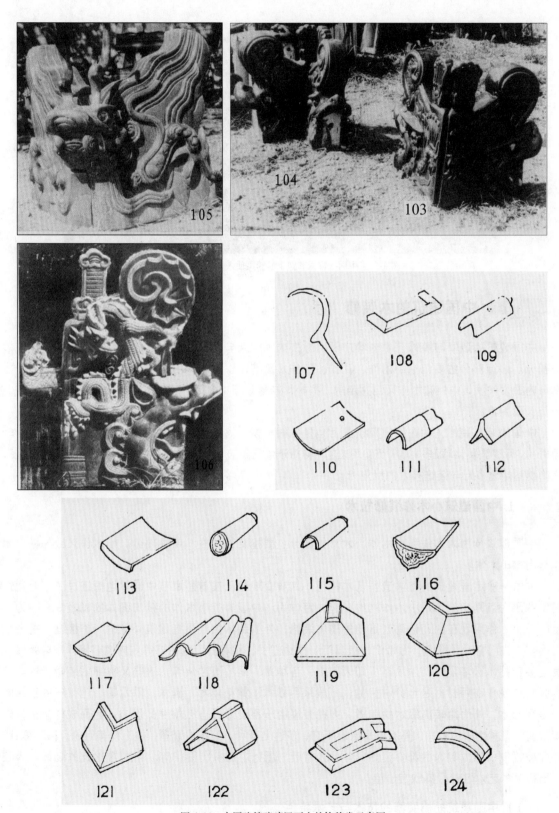

图 4-44　中国建筑琉璃屋面上的饰件类示意图

图 4-45　中国故宫太和殿上的骑凤仙人、九兽和行什

4.2.2　中国建筑的木装修

中国建筑的装修与装饰艺术内容广泛，除去大木构架与斗拱结构之外的其余部分均属装修与装饰部分。装饰部分主要包括小木作、瓦作、石作、琉璃作、彩画作等部分。而小木作又分为外檐木作与内檐木作。其中外檐木作又包括走廊、栏杆、挂落、楣构、门、窗等。内檐木作包括隔断、罩、天花、藻井等。

中国的装饰装修艺术在世界建筑史上也是独树一帜、堪称一绝的。中国建筑艺术特征明显，轻盈秀美，玲珑舒展，绚丽多彩，精美绝伦。这均得益于中国建筑的框架结构的精巧与装饰手法种类繁多，装饰材料丰富多彩与装饰技术的精湛无比。

1. 中国建筑小木作装修技术

中国建筑分为大木作和小木作，大木作部分主要指梁架、柱、斗拱部分。小木作又分外檐小木作与内檐小木作。

大木作决定着建筑的整体造型艺术特色，其演变规律已在前面章节中详尽地论证过了，而建筑艺术的画龙点睛之处都是小木作构件在起决定作用。中国建筑小木作的精工细作的确是令人叹为观止的。小木作用现在的词语讲就是内外檐木装修，外檐装修主要是指建筑外檐的门、槛框、槛窗、支摘窗、夹门窗、照壁门、撒带门、棋盘门（攒边门）、实塌门、木栏杆等。内檐装修即室内装修，其主要包括木板墙隔断，木顶格（即天花），各种罩、框、博古架等，这些又称细木装修。这些细木装修的制作在用材上是十分讲究的，一般采用红木、黄花梨木、楠木、楸木等。还有一种包镶做法是用杉木，外面用较高级木材包镶。内檐装修由于不受外界自然条件的影响，因而式样繁多，光罩就有十几种之多，隔扇、隔断更是层出不穷，多达上百种，其花式繁多，加工精美绝伦，精雕细刻，并配以铜制的雕龙刻凤的饰件，如角叶、人字叶、看叶、钮头、圈子等。中国古建筑的装饰装修表现出极高的艺术性，极具欣赏价值。

（1）中国建筑外檐装修的技术与艺术特色

中国建筑的装饰艺术起源于何时已无确凿的实物与资料可考。但自从商代创造了灿烂的青铜文化以后，金属工具的出现，并使用在建筑施工的过程中，这是确凿无疑的。从安阳殷墟的大墓中就出土了雕花木板，这是我国木雕的最早遗迹。

古文化《论语》中也片断地记载了该时期建筑装饰的华美以及建筑承载的绘画、雕刻等装饰现象。秦汉时期建筑色彩比较纯朴大方，当时的主要色彩是红土粉、白垩土、红丹粉、骨灰黑与锅底黑等。因为这些色彩最容易获得，所以无论是秦汉、唐宋、明清，其建筑色彩的基调都是以暗红色为主。这个规律无论是在中国，还是在外国，都是一样的，古波斯、古埃及基本也是以红、白、黑为建筑色彩的主色，这是由当时的生产力水平所决定的。

然而，秦汉开始，建筑装饰中雕刻手法的运用却是很普遍的，当时建筑中广泛采用的雕刻是浅浮雕与深的阴勒线相结合的手法。这一手法在汉画像砖上表现得最为生动，而砖雕却是当时建筑装饰的主要手法之一。

建筑壁画在汉时期已很成熟，以辽阳汉墓壁画最有代表性，构图复杂，造型生动，色彩丰富，在秦汉时代，建筑装饰图案基本上是以"蕨类"纹为主，配以动物变形的纹样，其中常见的有青龙、白虎、朱雀、玄武、神鹿等。这些纹样大多出现在瓦当之上。

建筑雕花技术在唐宋时期依然保持着朴素大方、雍容大雅的风格。基本上保持着简朴的做法。而到了晚清，木装饰雕饰技术发展到登峰造极的地步，此时才真正达到了巧夺天工的境界。

细木作装饰从宋代开始，形制逐渐繁多，制作逐渐精细。到了明清发展到十分成熟的阶段，成为官定的制作模式，下面让我们具体地了解一下外檐细木作的构成与艺术特色。

（2）中国建筑内檐小木作装修结构与艺术特征

中国建筑的内檐装修也是极具特色的，木装修精雕细刻，玲珑剔透，巧夺天工。室内色彩南北方各具特色，南方质朴无华，体现出木装修的加工美、结构美、材质美。北方的木装修彩画色彩斑斓，富丽堂皇，美不胜收。内檐装修的内容主要包括木板墙隔断、木顶格（天花）、藻井，以及各种罩、橱、博古架等。这类施工内容也叫细木装修。中国建筑的内檐小木作经过历代工匠的经验积累而逐步形成了一整套的固定做法，最终形成了中国建筑内檐装修的艺术特色。这些内装修构件均有可以移动的特点，可根据需要灵活调整房屋的平面布置，或将其全部拆移。这一灵活布置空间的做法是中国古建装修的一大特色。

材料的使用和配制方法如下。

用料：内檐装修的用料多是名贵的木料，其主要有花梨、紫檀、红木、金丝楠木、桂木、黄杨、柏木、香杉木等。

配料：内装修虽然用的都是较名贵的木材，但在使用时还要考虑它的艺术性。因为中国古代内装饰基本上不做油漆，而是利用木材的本色，采取打蜡、抛光出亮的办法，所以材料的选择决不能凑合。另外，应尽量利用木料本身的颜色进行色彩的搭配，例如，楠木的边框，可配黄杨、黄柏木的花心、绦环和裙板。这样深框浅心，显得美观大方。当然也有做成清一色木料的，例如花梨、紫檀等均是如此。另外还有一种做法，即内用杉木，外用红木、紫檀等包镶，这种做法需要较高的技艺，此种技艺在乾隆年间盛行一时。

操作：因为装修不用油漆，所以在操作技术上要求比较高，如隔扇心采用万字灯笼框，其肩角均采用"擦床"做法进行加工，这是十分细致的工艺。另外，还要求加工应掌握多种雕刻技艺，才能全面胜任内装修的施工制作。在这里我们着重介绍在中国古建室内装饰中比较有代表性的几项内容。

2. 天花藻井

中国建筑的室内天花堪称是装饰的精华，人一进入室内空间，抬眼一望，首先看到的是天花，所以天花装饰的成功与否，直接影响到室内装饰的艺术品位。天花虽有保暖、防尘，以及控制室内高度的功能，但其装饰功能也占有相当重要的作用，切不可等闲视之。

天花的别称很多，如承尘、仰尘、平棋、平暗等。宋代时按构造分为平暗、平棋和海墁三种。而明清则分为井口天花、海墁天花两大类。

（1）井口天花

井口天花是明清建筑最高等级的装修，它是由支条、天花板、帽梁等构件组成，支条的断面是1.2～1.5斗口的枋木条，它们纵横相交，形成井字形方格，这些方格就是井口天花的骨架，还有一个构件叫"贴梁"，它是附贴在天花坊与天花梁上的，断面尺寸高2斗口，宽1.5斗口，天花支条上裁口，每一天花井中装天花板一块。天花板全部由一寸厚的木条拼合而成，其背面还要穿两条带，以防止翘曲。正面刮光刨平，绘以精美绚丽的彩画，彩画的内容大多是团龙、翔凤、团鹤及团花纹样，如图4-46所示。更加高档的天花板上不做彩绘而做精美的雕刻。例如故宫的乐寿堂、宁寿宫花园的古华轩的天花上均采用雕刻的手法，雕出精美的花草纹样。

团龙　　　　　　　翔凤　　　　　　　团鹤　　　　　　　团花

图4-46　明清建筑井口天花的绚丽的彩画

井口天花的支条有三种，一种是通支条，就是用在建筑面宽方向通长的支条，一种是连二支条，一般沿进深方向并垂直于通支条而使用。一种是单支条，它是卡在连二支条之间的构件。而每根通支条上设帽梁一根，它是天花结构中的骨干构件，相当于当今的大龙骨，帽梁的两头交搭在天花梁上，并用铁制的吊杆儿将其吊在檩木上，帽梁与通支条的交接由铁钉钉牢。井口天花全部彩绘完之后，其效果是绚丽辉煌的，中国人的用色是十分大胆的，因此对比又是强烈的。红与绿是极强的对比色，用金箔将这两大色系一在一起，这真是一个了不起的创造，中国建筑的天花彩画就是一幅色彩艳丽的装饰画，的确能给人以赏心悦目的感受，建筑艺术与音乐有异曲同工之妙，可以给人情感的震动，令人心潮激动，如图4-47所示。

（2）海墁天花

海墁天花实际上俗称平天花，是一般建筑用得最广泛的装修手法。此种天花结构的

图4-47　明清建筑井口天花的彩画鲜艳的对比用色

主要构件是木顶隔，其形制有如槛窗，由边框、抹头、棂子组成，构图形式与棋格窗一样。木顶隔的尺寸没有固定的规格，其长随面宽，而宽则随进深而定，并在此尺寸范围内分成若干扇，角扇的具体宽度没有具体的规定，一般大约在 4～6 尺，宽 2～3 尺。木顶格四周有贴梁，贴梁长亦随面宽，木顶隔由 4 根木吊杆固定在檩条上，木顶隔下面裱糊纸张，这就是海墁天花。至于天花各部构件的尺寸在《则例》中均有详尽的规定，但在现代的仿古建筑中可根据实际设计尺寸，按现代材料具体而定，不是一成不变的死路数。但要是仿造纯古墓式的古建筑的话，就不可以随心所欲地乱用尺寸，尤其是复原建筑，那就是严格测绘原所有构件的尺寸，加以记录，一五一十地照样复制，否则将贻误后人。天花表面糊麻布是较牢固的材料，为了美观，也可裱糊白纸和暗花顶棚纸。在宫殿建筑的海墁天花上时常彩绘精美的图案。有的在海墁天花上绘制自然主义的竹架藤萝，有的甚至在海墁天花上画出井口天花图案，所看到的井口是画出来的，画出井字方格，格内绘成龙凤或其他图案，如图 4-48 所示。

图 4-48　中国古典建筑中使用最为广泛的海墁天花

（3）藻井

藻井是中国古建室内装修的最重要部位，它可是中国古建内装修之精华，在室内装修的艺术效果上占有举足轻重的地位。藻井一般多见于宫殿、坛庙、佛堂佛像的头顶部位，在宫殿的天花上藻井设置在至高无上、威严雄伟的帝王宝座之上。它改变了室内空间的造型，使天花的中央高高地穹起，形成一种特殊的装饰形式。

藻井最初兴起的目的并不是为了装饰，藻井的出现在汉代就有所记载，《风俗通》中记载"今殿做天井。井者，束井之像也；藻，水中之物，皆取以压火灾也。"从记载中可以明显地看出，古人设藻井为避火灾，这是当时设天井的初衷。后来工匠们逐渐发展其装饰功能，最终演变成装饰功能远远大于避火功能。在古代，人们把本应采取可实施的防火措施变成了一种精神寄托，它的使用功能反倒转变为了精神功能，所以藻井有了许多种叫法，其中主要有龙井、绮井、方井、圆井等称呼。

宋、辽、金时期，藻井有两种做法，"营造法式"中有关小木作部分内含有斗八藻井与小斗八藻井两种形式。该时期的藻井造型丰富多变，彩绘最为华丽，藻井顶部起穹隆的做法一直延续到元代和明代。

宋式斗八藻井的基本组成部分为三部分，一是方井，径长八尺，井高一尺六寸；二是八角井，径长六尺四寸，井高二尺二寸；三是斗八穹顶，径为四尺二寸，斗八高一尺五寸。其主要构件有算桯方、桯、斗槽版、压厦版、随瓣枋、八角井斗槽版、八角井压厦版、八角井随瓣枋、背版、阳马、明镜。其中还包括方井与八角井的斗拱，如图 4-49 所示。

宋斗八藻井的构造形式到了明代还有完整的仿造，浙江普陀山普济寺御碑殿的盘龙藻井就是一个宋式的斗八藻井，它虽建于明万历六年（1578 年），后清康熙三十年（1691 年）重建，但仍沿袭了宋斗八藻井的形式，殿内槽中间设斗八藻井、三层井构成，其中有方井、八角井、斗八穹顶，它的特点是每层都有井，斗八穹顶也不例外，这是宋代建筑中没有的。最为精彩部分是顶部明镜木盘上有一个精雕细刻的盘龙，如图 4-50 所示。

　　河南济源王屋山紫微宫三清殿的藻井就是典型的宋斗八藻井，但该殿却是建于元武宗至大三年，清顺治年间毁于火灾，灾后复建，该殿重建于清初。虽建于清初，其形制却依然保留宋时的风格，由方井、八角井、圆井组成，方井与八角井中密密麻麻地充满了斗拱。这充分体现了构成之美，也体现出加工的技术之美。

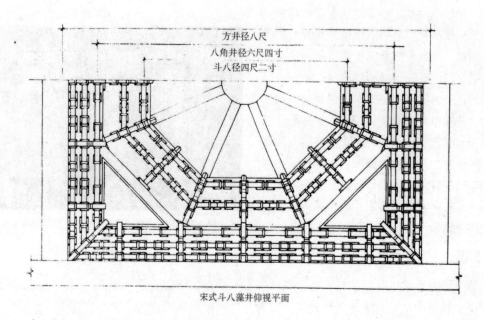

宋式斗八藻井仰视平面

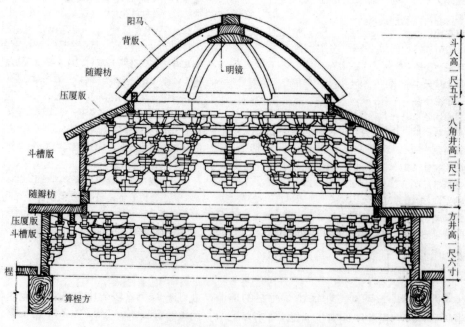

图 4-49　宋式斗八藻井的基本结构平面图、剖面图

　　元建筑永乐宫三清殿的斗八藻井与河南济源王屋山紫微宫三清殿的斗八藻井十分相像，但永乐宫三清殿的斗八藻井更接近浙江普陀山御碑殿的斗八藻井，保持了纯正的宋风格，如图 4-51 所示。

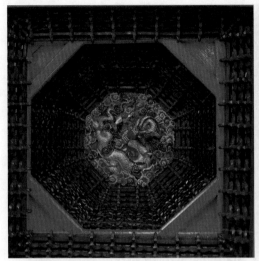

图 4-50　浙江普陀山普济寺御碑殿的盘龙藻井　　　　图 4-51　元建筑永乐宫三清殿的斗八藻井

斗八藻井在宋、辽、金、元、明时十分流行，例如天津蓟县辽代建筑独乐寺观音阁正中心天花处有一斗八藻井，该斗八藻井的形制不甚规范，整个内槽天花为一大方井，在内槽正中心设一个八角穹顶，气魄宏大。

辽代建筑山西应县佛宫寺释迦塔中有两个斗八藻井，一个是首层的大斗八藻井，五层的顶尖部分有一小斗八藻井，其形制与天津独乐寺观音阁的藻井一样。

藻井最为华丽的时期是辽金末期，该时期的建筑构图和色彩最为绚丽精彩的藻井当属山西应县净土寺的大雄宝殿。它的构造又有了特殊之处，特就特在大方井中套小方井，小方井抹角成为八角井，而抹去四个角又恰巧被下层的四个屋顶的上出所遮挡，所以视觉效果是一个地道的八角井。另一个特别之处就是八角顶的小穹顶被取消了，代之而用的是明镜平面，该平面上绘制了飞天的活泼纹样。整个藻井构图优美，结构精巧，是中国室内装修工程中的精品，如图 4-52 所示。

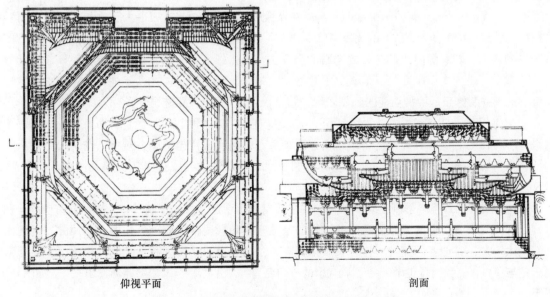

仰视平面　　　　　　　　　　　　　　剖面

图 4-52　辽代建筑山西应县佛宫寺释迦塔中的斗八藻井

图 4-52　辽代建筑山西应县佛宫寺释迦塔中的斗八藻井（续）

　　开元寺创建于唐，但在辽、金、元、明、清各代均有重修的记录，现存的毗卢寺为辽乾统五年（1105年）所建，该殿也有一个精美的藻井。该建筑的外形一看便知是大唐风格，内装修却是宋风格的，尤其是那精美的藻井也是纯正的宋斗八藻井风格。真正的艺术是经得住历史考验的，我们现在看，它依然是令人无比振奋，令人叹为观止，叹其巧夺天工。作为装修设计的工程师们切不可无视中国建筑艺术之精华。

　　明清时期的藻井，相比宋之藻井就显得更为华丽，更为辉煌。明清藻井的结构基本上也分为上、中、下三层，第一层为方井，向上第二层是八角井，上部第三层是圆井。方井是最外圈的结构，四周全部由斗拱组成。方井之上，由抹角枋，正、斜套方，使井口由方形变为八角形，然后再由八角形向上层圆形过渡，由于正、斜枋子组合而在八角井外围形成了八个菱形、四个大三角形、八个小三角形，这些小的造型统称为角蝉，角蝉的周围装饰斗拱，平面部分做龙凤一类的雕饰，八角的上口收成圆井，八角井的内边、圆井的内边贴有云龙图案的随瓣枋，圆井的最上边盖平板，此处又称明镜，此处是装饰的重心，是画龙点睛之处，盖板之下装雕龙，蟠龙身动态夸张，龙头下冲，口衔宝珠。这种最高级别的藻井装修正是精神功能的强烈表现，它表现了至高无上的皇权与神圣不可侵犯的神权。

　　智化寺创建于明正统九年（1444年），该寺规模宏大，殿堂多达十余间，尤其令中国人骄傲的是寺中万佛阁之藻井，云龙盘绕，结构恢宏绮丽，颇似清皇宫内的藻井规制，非一般寺刹所有。如此精美的藻井却被民族败类盗卖，现存美国波士顿博物馆，终成我中华民族之憾事，如图4-53所示。

　　万佛阁藻井的规格与形制在北京故宫的许多殿堂里出现过，大的形制基本一样，却有小的差别，可称之为大同小异。最接近万佛阁藻井结构的是故宫太和殿皇帝龙座上巨大的斗八藻井。比例比万佛阁的大一些，其他各部分均一样，其规格极高，金碧辉煌，站在太和殿堂内，抬眼望着装修豪华的天花与藻井，使我们真正地领会了马克思的一句名言："劳动者连天堂都能创造出来"，如图4-54所示。

图 4-53　北京智化寺如来殿万佛阁斗八藻井　　　　　图 4-54　北京故宫太和殿内皇帝龙座上巨大的斗八藻井

　　与太和殿形制相似的斗八藻井就是，它依然是由四边形的方井向上抹角成八角井，八角井如倒扣的斗形上收成圆井。与太和殿所不同的是，由太和殿的八边形的角井变成养心殿的八角形八角井，如图 4-55 所示。

图 4-55　故宫养心殿的斗八藻井

　　斗八藻井华贵富丽的还有两处，一处是，该藻井的规格与故宫太和殿藻井是一样的，但井内的所有构件全部都是贴金箔装饰，贴金工艺是十分高超的技术活儿，其斗中的雕龙与斗拱结构精巧细密，贴金工艺十分繁杂浩繁，但工匠们能处理得如此精湛，真可谓巧夺天工也！室内的整体装饰效果可算得上是富丽豪华、至高无上了。朱红的立柱与抱框突出了迎面的太师壁，组成太师壁的上半部是朱红的楣额上描以沥粉贴的翔龙，下半部是乾隆皇帝御笔书写的"交泰殿铭"，两旁配以一副对联、横批，组成了庄重的视觉中心。斗八藻井是室内装饰的主题装修，点出了皇宫的至高无上的地位，如图 4-56 所示。

另一处是故宫御花园澄瑞亭的斗八藻井，该藻井的形制没有故宫太和殿的规格高，但装修的档次却丝毫不逊色于其他高规格的藻井。无论是方井的角，还是八角井的边、圆井的底，它们都是饰以精美的雕龙，装饰面仍是贴金箔，整个藻井精美绝伦，富丽堂皇，如图 4-57 所示。

图 4-56　故宫交泰殿的斗八藻井天花

藻井除以上所说的由四方井变八角井、最后变圆井的常见形式外，明清时期还有其他形式的藻井，其主要还有圆形藻井，例如天坛祈年殿的皇穹宇，承德普宁寺旭光阁等处的藻井就是上、中、下三层皆为圆井，为三层圆井所构成，它的力学结构利用得十分科学、巧妙。它的第一层圈额枋上承一层斗拱；第一层斗拱的翘托起第二层斗拱的翘，继而第二层斗拱的翘承托第三层斗拱的翘，而这三层斗拱的翘合成一组后，最后的交点都连接在最外圈的圆枋之上，这样第三层斗拱才有力量承托起第三圈枋，最后力的交点合于最后第三层圆井底的中心，利用屋顶的自重把这些构件紧紧地压在一起，成为一个团结紧密的屋顶结构。

藻井的这种合理的结构从技术美学的角度看，它科学地反映了一种自然的合理而科学的结构美，这些反映出结构美与加工技术美的组合物，便是不施彩绘也是十分壮美。劳动者所创造的美是一种宏大的美，如图 4-58 所示。

图 4-57　故宫御花园澄瑞亭斗八藻井

图 4-58　天坛皇穹宇的圆藻井

祈年殿的圆形藻井也是三层圆井组合而成，而与皇穹宇有所不同的是：它的第一层是直接由通天的四根立柱与四根粗大的弧形枋被四根粗大的方形井口枋连接在一起形成合力，组成第一层承重结构。四根通柱与圆枋上立起的八根通柱的合力承托起第一个圆井的井口枋，依次类推，最终完成力的交汇，完成藻井的整体结构的组合。抬头仰望，万花筒般迷人的结构与力的显现，构成了建筑艺术的震撼人心的力量，如图 4-59 所示。

另外，还有一种外圆内方的藻井，北京隆福寺三宝殿的藻井就属于这种类型。圆井是下沉式的，外部结构也能看清，与井内壁结构是一样的，主要饰以斗拱、云卷，各种不同形状的楼阁（小型的模型状）分布在圆井的内外壁，雕工精巧，变化丰富，也是不可多得的建筑装饰艺术的精品，其装饰内容多以个人意志、爱好而定，没有严格固定的模式，但其结构规律却是大同小异的。总的来说，中国建筑的藻井是内装修的重要部分，它能控制整个室内的视觉中心，并能对室内装饰的整体艺术效果起到举足轻重的作用，如图 4-60 所示。

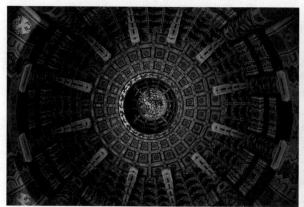
图 4-59　天坛祈年殿的圆形藻井

图 4-60　北京隆福寺三宝殿的藻井

4.3　中国园林建筑的彩绘

4.3.1　明代的彩绘艺术

目前我们所能见到的明代建筑是京西法海寺山门殿，该殿完整地保留了明代的彩画（此彩画是1961 年翻新的）。此山门比大雄宝殿规格低，所以在彩画等级上有区别，因而彩画不点金，属于下五彩。

此山门殿彩画虽不点金，但在青绿色调上多以红颜色的花心来进行点缀，加强了彩画的明快感，该彩画不做退晕，枋心的长短也不受三停限制，除柱外梁枋左右两端不设置箍头，只是在两端合椤处放置极窄的副箍头。找头内花纹简练，整体感强，尤其是坐斗枋和脊枋仰面上装饰的"长流水"图案，十分紧凑好看。纹样根据木构件的宽窄而有所变化。室内彩画色彩突出，对比强烈，大胆地用红绿对比色，突出三个佛字，明式彩画总的来说还是给人以肃穆庄重之感。此种明式五墨彩画与清式雅伍墨彩画相比较，明式比清式的表现形式就活泼多了。究其原因就是清式彩画受到了严格的制约，所以不可能十分自由活泼，如图 4-61 所示。

图 4-61　明式五墨彩画与清式雅伍墨彩画的比较

4.3.2　清代彩画的种类及规则

1. 彩绘线路的分段

清式彩画在构图上是将檩和枋横向分为三段，中间一段叫枋心，两端靠近柱头的竖条图案叫"箍头"，箍头与枋心之间部分叫"找头"，如果梁枋较长，在梁枋的两端常加有两条平行分隔的箍头，中间部分称"盒子"。划分这些部位的主要线条称"锦枋线"，简称大线。其中，箍头线、枋心线、皮条线、岔口线和盒子线，被称为五大线。清式的各类彩画，不论是否贴金，均以青（群青）绿、红及少量的香色（土黄色）、紫色为主，互相调换，尤其是青绿两色的运用都有固定的格式，主要表现有以下几种形式。

- 在同一木构件内相邻的部位，青绿两色相同，如有青箍头，则皮条线的外晕为绿色，里晕为青色。绿岔口，青椤线绿枋心。箍头必须与椤线的颜色相同。
- 同一间内上下相邻的构件，青绿两色相错。如额枋为绿箍头、青枋心，则檐檩和小额枋是青箍头、绿枋心。

- 同一建筑相邻两间则青绿两色相间。如明间大额枋是绿箍头、青枋心，则次间大额枋是青箍头、绿枋心。檐檩与小额枋则是绿箍头、青枋心。
- 一个建筑物的外檐明间桁条（檩条）固定为青箍头。由额垫板的箍头设色同挑檐桁（小式垫板箍头设色亦同檐檩），柱箍头为上青下绿。
- 由额垫板与平板枋，如不分段划分部位，通画一色，则由额垫板为红色，平板枋为蓝色彩，如图 4-62 所示。

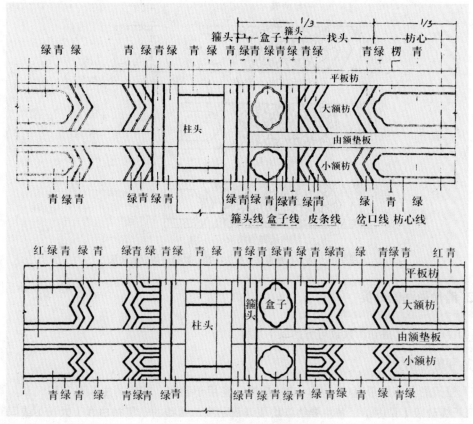

图 4-62　彩画枋线排列和色彩分配

旋子彩画的主要特点是找头内使用带旋涡状的几何图形，这旋涡叫"旋子"（旋花），旋子各层花瓣由外至内分别为"一路瓣"、"二路瓣"、"三路瓣"、"旋眼"（旋花心）。旋花瓣之间的三角地叫"菱角地"，反正旋花中间的空地叫"宝剑头"，旋子靠箍头部分的图案叫栀花，花瓣之间的空地叫菱角地，如图 4-63 所示。

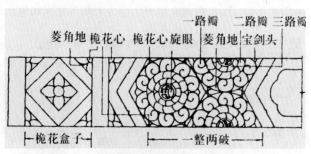

图 4-63　旋子彩画找头细部名称

旋子以"一整两破"为基础，以找头长短作为增减旋子花瓣的处理依据。构图分别为"勾丝咬"、"喜相逢"、"一整两破"、"一整两破加一路"（或加金道冠）、"加两路"、"加勾丝咬"和"两整两破"、"数整数破"等。极短的构件还可以画"1/4 旋子"或"栀花"，如图 4-64 所示。

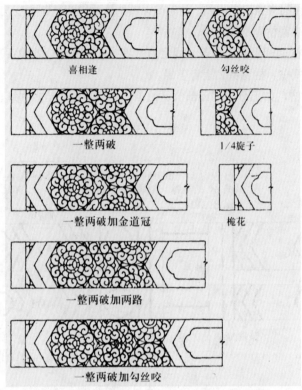

图 4-64　旋子彩画箍头、找头、枋心放稿时的标准画法

2. 清代彩画的分类

彩画的种类前面已提到，大致可分为以下几种。

（1）和玺彩画

和玺彩画是彩画等级最高的一种，它的规格只能用于皇宫、庙堂的主要殿宇和门堂。梁枋各部位用 W 形折线分段（见图），各主要线条均要沥粉贴金，金线的一侧衬白线（大粉）或同时加晕。各构图部位内的花纹也要沥粉贴金，并以青、绿、红等底色衬托金色图案，非常华贵。根据各部分内容的不同，和玺彩画又可分为金龙和玺、龙凤和玺、龙草和玺三种彩画，如图 4-65 至图 4-67 所示。

图 4-65　天安门外檐金龙和玺彩画

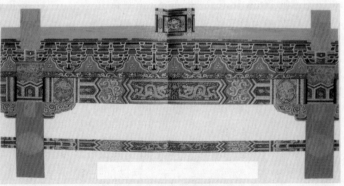

图 4-66　天安门内檐龙草和玺彩画

图 4-67　左图为龙凤和玺彩画；右图为双凤和玺彩画，图中没有龙，属双凤昭富图案

（2）旋子彩画

旋子彩画是仅次于和玺彩画的规格，但也有系统而明确的等级区别，既可做得很素雅，也可做得很华贵。旋子彩画应用范围很广，一般在官衙、庙宇的主殿，坛庙的配殿，以及牌楼等建筑上采用旋子彩画的形式，分为旋子金琢墨石碾玉旋子彩画、烟琢墨石碾玉旋子彩画、金线大点金旋子彩画、墨线大点金旋子彩画、金线小点金旋子彩画、墨线小点金旋子彩画、雅伍墨旋子彩画、雄黄玉旋子彩画这八种旋子彩画类型，如图 4-68 至图 4-71 所示。

图 4-68　金琢墨石碾玉旋子彩画

图 4-69　烟琢墨石碾玉旋子彩画

图 4-70　金线大点金旋子彩画

图 4-71　墨线大点金旋子彩画

（3）苏式彩画

苏式彩画是一种形式自由活泼的园林与住宅彩画，它是由图案与绘画组合构成彩画的核心部分，各种图案与绘画交错绘制，形成灵活多变、内容丰富的画面。图案所采用的纹样大多以各种回纹、万字、夔纹、汉瓦、连珠、卡子（硬卡子、软卡子）、锦纹等多种纹样。大多将古典的著名故事和人物等作为绘画内容绘在包袱中，其他经常用的还有山水画、花鸟画、鱼虫画，甚至还有用装饰画，例如折枝黑叶花、异兽、流云、博古、竹叶梅等。绘画的主题十分明确，大多有深刻的寓意，象征着人们对吉祥、幸福、美好生活的寄托。

苏式彩画的构图极具特色，它是将檩、垫、枋联在一起，并在其枋心的位置上画成一个半圆形的"包袱"。包袱轮廓做多层推晕，内层称"烟云"，外层称"托子"。烟云与托子由直线构成的称"硬烟云"，由曲线构成的称"软烟云"。烟云退晕以青、紫、黑三色为主，托子以土黄（樟丹）、绿、红三色为主。包袱两侧的找头如果是青地，则画繁锦、硬卡子；绿地则画折枝黑叶花或异兽。垫板红地大多画软卡子。箍头以活箍头为主画回纹、万字、连珠、方格锦等，如图4-72所示。另一种构图是在檩与枋的枋心上画"枋心"，在两旁画包袱。

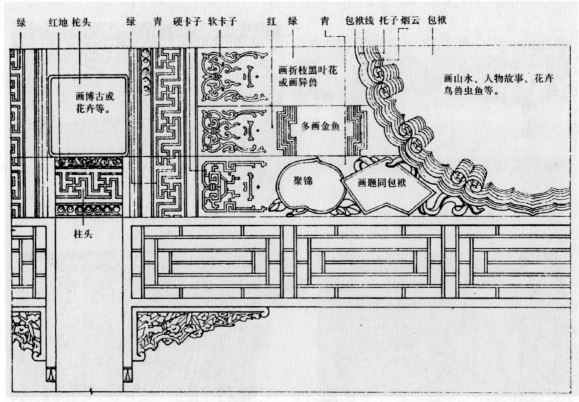

图4-72　苏式彩画图例

苏式彩画可分很多种类，分类的依据主要是以其绘制工艺的繁简、用金量的多少与推晕的层次而定，一般常见的有金琢墨苏画、金线苏画、黄线苏画、墨线苏画与海墁苏画。此外，取苏式彩画的某一部分，如箍头、包袱，也可变化成极简洁的苏式彩画，常见的是掐箍头，此种彩画只画箍头、柱头、桅头（包括桅头底面侧面），其余部分刷红色，椽头作彩画。还有金琢墨苏式彩画、金线苏式彩画、黄线苏式彩画（墨线苏式彩画）、海墁苏式彩画、掐箍头搭包袱苏式彩画等六种，如图 4-73 所示。

（4）杂式彩画

杂式彩画主要是指格式变化较多，特征不明显，很难把它们划归于哪一类的彩画，因此有多种画法，但其构图方式与色彩运用，基本上以前面所述的三大类为模式。这三大类就是和玺彩画、旋子彩画、苏式彩画。可将彩画常用的图案混合运用，手法比较灵活。如梁枋的三段划分和旋子五大线的构图方式，青绿色彩的调配规律以及枋心、找头等部位的纹样，同样表现了很多十分成熟而成功的作品。

（5）其他部位的彩画

彩画的主要部位，在前两部分讲了，并附有详尽完整的范围，但总有许多部位不易归类，但也是重要的部位，也必须给予明确的交代。

1）斗拱彩画

斗拱彩画以青绿色为主，拱眼处配以红漆青绿两色，从柱头科斗拱开始相间使用，凡柱头科、升斗一律用蓝色，拱、翘、昂等一律用绿色，各平身科由柱头科向中间青绿两色相间，取其对称。飞身拱眼与外拽拱坡棱刷红色。垫拱板中部刷红油漆，边框大多为绿色。根据用金量的不同和推晕层次的多少，斗拱彩画也有不同的等级，包括全琢墨斗拱彩画、金线斗拱彩画等，如图 4-74 所示。

图 4-73　金线苏式彩画

图 4-74　墨线斗拱（黄线斗拱）彩画

2）天花彩画

天花彩画分天花板与支条。天花板构图从内向外由"圆光"（圆箍子）、方光（方箍子）和"大边"构成，一般圆光用青色，方光用浅绿色（二绿），大边用深绿色（砂绿），支条用绿色，十字相交处称"燕尾"。按大木彩画的类别与等级不同，天花圆光的内容有龙、凤、云、草、花卉、仙鹤（团鹤）等纹样。岔角与燕尾多用各色云纹相配合。高规格与中等规格的采用金琢墨、烟琢墨的方法绘制。燕尾轱辘沥粉贴金，低等轱辘不贴金。中国建筑的天花彩画是按照它的结构来绘制的，所以中国的天花具有双重的美，一是结构的构成美，二是对建筑结构的装饰美，所以中国建筑的天花是极具美感的，当人们抬头仰望时会感到美不胜收，建筑之美是难于用语言来形容的，只有你置身在建筑空间中，才能感受到那种震撼人心之美！如图 4-75 所示。

图 4-75　中国皇家建筑中的天花彩画

3）角梁彩画

不论何种形式的角梁，均用绿色。仔角梁如有兽头，则底面画肚弦（龙肚子纹），肚弦道数五、七、九不等，但均为单数，用蓝色退晕，老角梁、仔角梁侧面的上部刷红漆。贴金及退晕层次按木大等级来定。

4）椽头、椽身与望板彩画

椽子的彩画分檐椽彩画与飞椽彩画两种，也称飞檐椽头与老檐椽头（飞头与檐椽）。凡飞头多用绿色做底，上衬金色、黄色或黑色图案，殿式彩画飞檐椽头多用万字和栀花，老檐椽头多用"龙眼"（也称虎眼或宝珠）。"龙眼"的着色由角梁向中线方向逐个刷色，青绿相间，但靠老角梁的第一个椽头固定是蓝色的。老檐如画寿字，均用群青做底色。苏式彩画老檐椽头多画百花图、福庆（蝠、磬）、寿字等，均为群青底色。

椽身与望板只在极高等的和玺彩画中配彩画，椽肚绿油漆衬底，望板红油漆衬底，花纹沥粉贴金，如图 4-76 所示。

5）柱子的彩画

柱子的彩画是在最高规模的皇宫或祭祀建筑中才能使用，这种殿内大柱有两种彩绘处理方法，皇宫中是用沥粉沥出柱上的蟠龙，然后满贴金箔，如图 4-77 所示。第二种就是在庙宇中的大柱沥粉串枝莲图案贴金箔，柱底色刷饰朱红色油漆，富丽堂皇。此规格的柱子彩画更生动地显示出建筑的皇家气势，如图 4-78 所示。

图 4-76　椽头、椽身与望板彩画	图 4-77　皇宫中沥粉贴金的柱蟠龙纹柱彩绘	图 4-78　天坛祈年殿中沥粉贴金箔串枝莲纹衬红漆底的大柱彩绘

　　彩画是中国古建筑特有的一种装饰艺术，经过古代几十代工匠的不断实践与升华，最终形成了一套规范画法。中国古建筑的彩画的确带有强烈的中国特色，这一特色就是热烈、火爆、吉庆、幸福、和平，它来自民间，工匠们也生活在民间，于是中国建筑的彩绘艺术自然要顽强地显现出它自身的特性。中国建筑的红墙黄瓦，金碧辉煌，具有强烈的视觉冲击效果。屋檐下的梁、枋、斗拱彩画绚丽多彩。虽然檐下的一切都处在阴影之下，但远远看去是那么轻快、透明，有极愉悦、兴奋的视觉效果。中国古建筑以其精巧玲珑的结构，金碧辉煌、绚丽多彩的彩绘艺术特色而构成不同于世界上其他国家的建筑，以其独特的魅力而傲立于世界建筑之林。

 本章重点与习题

1. 清楚地了解中国园林建筑的类型、建筑装饰形式与特点。
2. 掌握园林各类型建筑的功能和特点。

拓展实践

1. 实地考察南北方园林中的各种建筑。
2. 寻找自己感兴趣的园林建筑进行分析和研究。

第5章

园林的地形
要素设计

5.1　中国园林的叠石造景

"水以山为面"，"水得山而媚"，山者"天地之骨也，骨贵坚深而不浅露"（郭熙《林泉高致》）。因而，造园必须有山，无山难以成园。自然园林往往选址于自然山水佳境，外借自然山林成景；私家园林往往建在村镇人口密集之处，无自然山林可借，只得掇石叠山。"虽由人作，宛自天开"，在咫尺之地，创作出"多方胜景，咫尺山林"的园林艺术。故山景是构成中国园林的五大要素之一，正如计成所说："余七分之地，为垒土者四，高卑无论，栽竹相宜"（《园冶》卷一）。

5.1.1　叠石的形式与规律

1. 嵌理壁岩艺术

在江南较小庭院内掇石叠山，有一种最常见、最简便的手法，就是在粉墙中嵌理壁岩。正如计成在《园冶》卷三的《掇山·峭壁山》中说道："峭壁山者，靠壁理也，借以粉壁为纸，以石为绘也。理者相石皴纹，仿古人笔意，植黄山松柏、古梅、美竹，收之圆窗，宛然镜游也。"这类处理在江南园林中屡见不鲜，有的嵌于墙内，犹如浮雕，占地很少；有的虽与墙面脱离，但却十分逼近，因而占地也不多，其艺术效果与前者相同，均以粉壁为背景，恰似一幅中国水墨画，特别通过洞窗、洞门观赏，其画意更浓。苏州拙政园海棠春坞庭院，于南面院墙嵌以山石，并种植海棠、慈孝竹，题名为海棠春坞。苏州留园华步小筑庭院，于正面绿葫的院墙嵌以山石，配种天竹、蔓萝，恰似一幅国画小品；揖峰轩东侧小院，以粉壁为背景，掇石为山，配植绿竹，画意甚浓。苏州网师园梯云室北部庭院，贴近北部园墙，点缀着两三块玲珑剔透的太湖石，自梯云室透过槅窗观赏，宛若一幅国画镶嵌于精美的镜框之中；西部景区南侧院墙，亦作如此处理，太湖石山借粉墙的衬托，极富画趣，如图 5-1 所示。

图 5-1　苏州网师园梯云室北部庭院，贴近北部园墙点缀的太湖石

中国园林刻意追求诗情画意，这便是最好的佐证。这种艺术处理手法，占地很少，花钱不多，实在聪明绝顶。

2. 点石成景艺术

点石于园林，或附势而置，或在小径尽头，或在空旷之处，或在交叉路口，或在狭湖岸边，或在竹树之下。切忌线条整齐划一或简单地平衡对称，要求高低错落、自由多变。大多采用散点或聚点，做到有疏有密、前后呼应、左右错落，方能产生极好的艺术效果。如在粉墙前，宜聚点湖石或黄石数块，缀以花草竹木。这样，粉墙似纸，点石和花木似笔，在不同的光照之下，形成静中有动的一幅幅活动的画面。

嘉树之下，宜点以玲珑湖石或顽石，达到花树数品、松桧苍翠、放怀适情、游心玩思的境界。在梅边点石，则宜古；松下点石，则宜拙；竹旁点石，则宜瘦；芭蕉点石，则宜顽。只有如此，方能达到园林艺术的效果。在河流溪涧，或林下花径，或山脚山坡，或池畔水际，散点数石，若断若续，或横卧直立，或半含土中，看起来便觉得石如有根，天生一般。

厅堂前后叠筑假山，旨在点缀，贵在玲珑生趣，切忌滋蔓芜杂。正如计成在《园冶》卷三的《掇山·厅山》中写道："或有嘉树，稍点玲珑石块；不然，墙中嵌理壁岩，或顶植卉木垂萝，似有深境也。"苏州网师园殿春簃，占地虽只有670平方米左右，但庭院构思却极有妙处，将山石、花卉隐于室内后窗几块小小的空地上，窗框仿佛是中国山水画的轴绫边框，其画就是粉墙作纸，在一角空地上，堆筑两块玲珑剔透的太湖石山、几枝翠竹、几株芭蕉，或二三华滋的花草，构成生机勃勃的静观画面。在堂前面墙侧，少事点缀山石，在南端依墙重点堆筑假山，并构筑涵碧泉和冷泉亭，其尺度均皆小，无喧宾夺主之弊。这些小构筑运用前后不同的层次，随着时间和季节的变化，在不同的光效作用下，犹如浓、重、淡、青的不同水墨画，一一展现在人们的眼前，形成静中有动的画面，创造了"尚留芍药殿春风"的意境，激励读书人珍惜大好时光，静心奋读。

选择石峰形体，要注意凹与凸、透与实、皱与平、高与低等的变化。玲珑剔透的山石，浑合自然，容易构成苍凉廓落、古朴清旷、透迤婉转、妙极自然的特点，再配以得体的竹木，使得"片石多致，寸石生情"，既有绿意，又有情趣，如图5-2所示。

图5-2　中国古典园林中利用叠石点缀园林庭院

3. 独石构峰艺术

独石构峰之石，大多采用玲珑剔透、一块完整的太湖石，并需具备透、漏、瘦、皱、清、丑、顽、拙等特点。由于其体积硕大，因而不易觅得，需要用巨金购来。园主往往把它冠以美名，筑以华屋，并视作压园珍宝。

苏州留园的冠云、瑞云、岫云三峰，皆是独石构峰，相传为宋代花石纲遗物。当年在采运的过程中，曾不慎落入太湖，再花巨力捞取后，移来园中。其中冠云峰，高达6.5米，清秀挺拔，兼具皱、透、漏、瘦的特点，享有"江南园林峰石之冠"的美誉。《水经注》有"燕王仙台有三峰，甚为崇峻，腾云冠峰，高霞翼岭"之句，冠云峰之名由此而来。园主为了衬托和突出冠云峰，在西园北侧专造院落，总体布局以冠云峰为主景，旁立瑞云峰与岫云峰，作为陪衬。冠云峰之北造楼，名为冠云楼，作为屏障；西侧造曲廊，东侧筑冠云亭；东南侧筑屋，名为伫云庵；南侧筑台，名为冠云台。总之，四周的建筑都围绕冠云峰做文章，而且大多以"冠云"命名，以达到突出和炫耀冠云峰的目的，足见园主对它珍爱之至。游人或漫步西侧曲廊，或于鸳鸯厅内北望，只见湖石山峰高耸奇特、玲珑剔透，几叶芭蕉和数株天竺翠竹，扶疏相接，冠云峰前一池清水倒映着冠云峰，无形之中使冠云峰大大增高。游人于峰前南望鸳鸯厅，隔池而成为极好的对景；左右分别有瑞云峰与岫云峰陪衬，既呼应又协调。当人们在冠云台或冠云亭静坐观赏时，随着一年四季和气候的变化，

"佳晴"、"春雨"、"快雪",宛如一幅多姿多彩而多变的画面,成为江南园林中最具代表性的峰石美景,正如冠云楼的匾额所题"仙苑停云",点出了蓬莱仙苑、天堂胜境的意趣,如图 5-3所示。

上海豫园有块仅次于苏州留园冠云峰的巨石——玉玲珑,相传亦是末代花石纲的遗物:"盖石品之甲,相传为宣和漏网"(潘允端《豫园记》)。据清代上海人王孟洮《记玲珑石》一文记载:玉玲珑原是上海浦东三林塘明人储昱南园的旧物。储昱的女儿嫁给潘恩最小的儿子潘允亮。潘允端造豫园时,潘允亮就将玉玲珑移了过来。在船载过黄浦江时,忽然起风,舟石俱沉,潘家即命令泗水的民工下水去捞,同时还捞上另一块石头,那就是现在玉玲珑的底座。玉玲珑高 5.1 米,宽 2 米,重 5000 多千克,上下都是空洞,赛似人工雕刻。亭亭玉立,石呈青黝色,犹如一支生长千年的灵芝草,堪称天工奇石。据说,一炉香置其下边空穴,石头上边就会孔孔出烟;如以盆水灌顶,石下边就会孔孔流出朵朵水花。古人品石,要按照"漏、皱、瘦、透"四字标准来确定其等级,玉玲珑具备了这四个条件,一直被人们公认为石中甲品。此石正如清代王孟洮所说"石色青黝,朵云突兀,万窍灵通,是石中异宝也。"清代陈维城特写《玉玲珑石歌》进行歌颂:"一卷奇石何玲珑,五丁巧力夺天工!不见嵌空皱瘦透,中涵玉气如白虹。石峰面面滴空翠,春阴云气犹朦朦。一霎神游造化外,恍疑坐我缥缈峰。耳边滚滚太湖水,洪涛激石相撞舂。庭中荒甃开奁镜,插此一朵青芙蓉。"对玉玲珑的描写,可谓淋漓尽致。据说玉玲珑初入豫园时,石身上还刻有"玉华"二字,意说玉玲珑是石中精华。园主潘允端还专门在玉玲珑之北建造玉华堂,用华美的厅堂来烘托石中精华玉玲珑。玉玲珑就成了豫园的压园之宝,如图 5-4 所示。

图 5-3　苏州留园的冠云峰

图 5-4　上海豫园玉玲珑

在北京颐和园乐寿堂正中偏南方处,有一块巨大的青石点景——青芝岫,原是明代著名的勺园(今北京大学内)的旧物,长 8 米,宽 2 米,高 4 米,色青而润,磅礴粗犷,雄阔浑厚,凝集了大自然的奇特精妙,平置于雕刻精美的海浪纹青石基座上。当年米万钟称赞它为雄石。与其相对的一块雕石，现在北京中山公园来今雨轩西侧，名为青云片，其体积较小，形姿秀拙，乾隆皇帝曾以"当门湖石秀屏横"之句来称赞它。关于此二石还有一段动人的传说：明代造园家米万钟酷爱奇峰异石，自号石隐，又称友石先生，喜蓄石和善画石，有多种画石本传世。他还以自己高超的审美力，跑到大自然中去寻找美石。一旦找到，便不计财力、人力，千方百计地把它们运回到自己的花园内，以构建成众多的峰石景观而沾沾自喜。一次，他在北京上房山发现了这两块山石，运至半途，终因家财耗竭，被迫抛弃在良乡路旁。到了清代，竟被乾隆帝发现，即下令民工利用冬天河道结冰季节，将这两块奇石从冰道上拖回到园内。其中一块运置颐和园乐寿堂庭院内，命名为青芝岫，石上还有不少题刻，如图5-5所示；另一块运置圆明园时赏斋庭院内，命名为青云片，尔后圆明园被焚毁，便被移至今中山公园内。

图 5-5　北京颐和园乐寿堂院内的青芝岫

4. 旱地堆筑假山艺术

北京故宫乾隆花园的假山堆筑，可称旱地堆筑假山一个成功的范例。此园地形长方，地势平坦，既无自然山岭可借，又缺乏活泼生动的水面，所以只能以堆筑假山山景为主，用大量的叠山作为园中的艺术点缀。在整个园林中，山石争奇斗胜、姿态万千。叠山的艺术手法，诸如山峦、峭壁、洞谷、巅峰等，几乎应有尽有。雄奇、峭拔、幽邃、平远的山林意境，层出不穷，变幻有致。

（1）园中高山的堆叠

园中高山多采用峭壁的叠法。如萃赏楼前后的假山，均有陡直的峭壁，高耸挺拔。所用石材大小相间，叠砌得凸凹交错，形象自然，且有绝壁之感。

（2）峭壁的堆叠

峭壁上端做成悬崖式。这是采用悬崖与陡壁相结合的叠山手法，"使坐客仰视，不能穷其颠末，斯有万丈悬崖之势。"耸秀亭檐下的悬崖，即有挑出数尺的惊险之景，崖边立有石栏杆，近栏俯视，如临深渊，颇为险峻。

（3）山峦的叠筑

叠筑多采用山峦连绵起伏的手法。如古华轩前的重峦叠嶂、望阁前的山峦绵亘，都属于山峦的叠筑法。峦与峰又往往结合使用，以增加起伏之感。"峦，出头高峻也，不可齐，亦不可笔架式，或高或低，随致乱揾，不排比为妙"（《园冶》）。这样，即可避免呆板整齐之忌。

（4）山势起伏的表现

用突起的石峰进行散置堆筑，以加强整个山势的起伏变化。园中除了山顶多用石峰以外，于山腰、山脚、厅前、道旁等处，也多散置石峰。有的采用整块耸立的巨石，如玉粹轩南蹬道旁的石峰。有的用几块湖石连缀而成，如碧螺亭两侧的石峰。耸秀亭与露台周围也有石峰散点，形态奇巧，状若飞舞。

（5）虚实配合，相辅相成，互为益彰

如萃赏楼前后的山峦峭壁间，都有隧道式的山洞，蜿蜒曲折，虚实交错。碧螺亭山下峭壁间，留出许多小洞，可采光和通风，并增加山石的玲珑剔透之感，达到有虚有实、有透有漏的艺术效果。古华轩东侧假山，中间做出券洞，包以湖石，设以米红券门，开门如洞窟，具神秘感。其上筑有露台，这种上台下洞的处理，也属虚实结合的形式。这正符合计成所主张的造洞原则："理洞法，起脚如坐屋，立几柱著实，掇玲珑如窗门透亮……上或堆土植树，或作台，或置亭屋，合宜可也"（《园冶》卷三《掇山·洞》）。

（6）山体幽静深邃的表现

在峭壁夹峙的中间堆出峡谷，给假山以幽静深邃。如耸秀亭檐下的峡谷，深达 7 米多，婉转与山洞接连，成为通往三友轩、萃赏楼、遂初堂的山道。延趣楼前与衍棋门里各有一条极狭的山谷，仅 60 厘米宽，只能侧身通行。虽非主要山道，但在叠山艺术中却增添了宽狭、主次、虚实等情趣的变化，丰富了山林的造型。

南京愚园的叠山相当成功。它利用凤台山的山麓，后依花盝冈，而花盝冈"高踞凤台山之巅，形隆而长"的地理优势，为园内堆山提供了绝好的资借。在外园的西部和东部堆叠了两处隔湖对峙的土山，以土为主，土石相间，堆成平岗坂坡的形式，其脉络与园外西北部"向上巍然突起之花盝冈"相一致，当作凤台山的余脉来处理。两者气势相连，使园内的假山好似园外真山向园内的延伸，假山与真山融为一体，这就是计成誉之为"做假成真"、李渔赞之为"混假山于真山之中，使人不能辨者，其法莫妙于此"的掇山妙法。两处土山都是古木森森，山容霭霭，饶有山林野趣。内园掇山采用另一种方法，即在主体建筑清远堂和春晖堂之间，掘池叠山，在池的东西两端，"效狮子林叠石为小山，含岈嵌奇，突怒偃蹇，肖物之态，不可毕状；洞其中入之，蹬道盘折，高高下下，倏若猿升，倏若阻伏，方广不盈十丈，而游者目眩。有亭翼然，登其上，诸峰峭削，参差豁露，心目俱爽"（清·胡光国《白下愚园集》），被誉称为南京狮子林。内园的掇山，因假山处于夹峙包围之中，空间较小，所以采用以石为主的掇山法，"就此咫尺地，营成千岩壑"，构成了一幅高远式的山水画立轴。而外园的两处掇山，由于在较宽裕的空间可以占地堆土为山，采用平岗小坂、曲岸回沙的布局手法，以其逶迤之致、蕴藉之情，形成了一幅平远式的山水画长卷。

5. 四季假山堆筑艺术

扬州个园的四季假山构筑，布局之奇、用石之奇，在中国园林中可谓唯一孤例。

以布局之奇而论，在一个面积不足 3.3 公顷的园子里，竟然极其巧妙地安排成春、夏、秋、冬四个假山区。全园以宜雨轩为中心，由宜雨轩南面开始，顺时针方向转上一圈，春、夏、秋、冬四季景色便依次观览一遍，好似经历了一年。

总之，个园假山构筑，立意明确，布局奇特，章法不谬，配景奏效，大小兼有，繁简互用，虚实相生，运用一年四季不同的季节特点，把整个园子划分为大小不同、性格各异的四个空间，使"春山淡冶而如笑，夏山苍翠而如滴，秋山明净而如妆，冬山惨淡而如睡"，各尽其趣。由于四季假山景观的迥别，游人观赏四季假山景观时，自然产生四种不同的感觉："春山烟云连绵，人欣欣；夏山嘉木繁阴，人坦坦；秋山明净摇落，人肃肃；冬山昏霾翳塞，人寂寂。"本来人们对春山的"欣欣"，对夏山的"坦坦"，对秋山的"肃肃"，对冬山的"寂寂"，都是在一年四个季节里的不同感受，而个园的构筑者却把它们集中在同一个空间和同一日的时间里，其构思可谓高超之极。四季假山用一条高低曲折的循环观赏路线，共同组合成一个密不可分的整体，从欣欣向荣的春山，可透视苍翠欲滴的夏山；夏山过后，即是"万山红遍，层林尽染"的秋山；而从秋景东峰下山，则可望及"皑皑白雪"的冬山；而在冬山西墙开两个圆形漏窗，远远招来春山修篁数竿、石笋一枚，把冬春两景既截然分隔，又巧妙地互借而连接起来，使人盎然想起"冬天来了，春天还会远吗？"冬山虽然是全园的"结局"，却仍然余味萦绕心怀，有"曲虽终而余音未了"的韵味，其结尾的手法是极其高超的。由于春、夏、秋、冬四山的景色是沿环形路线安排的，来回数遍，好似经历着周而复始的四季气候的循环变化，大有无止无境之意，便不由地发出"时间无限，人生有涯"的感叹，从而使游者得到"珍惜时间、发奋图强"的哲理启迪。

个园之命名，原源于主人仿效苏轼"宁可食无肉，不可食无竹；无肉令人瘦，无竹使人俗"的诗意。但笔者以为个园的最鲜明的个性不在于竹，而在于山：个园四季假山布局之新、用石之奇、构思之妙，既有南方之秀，又兼北方之雄，在中国园林的假山构筑中，是独具一格的。正如李渔在《李渔全书·闲情偶寄》中所倡导的："创造园亭，因地制宜，不拘成见，一榱一桷，必令出自己裁，使经其地、入其室者，如读湖上笠翁之书。"

6. 依水堆筑假山艺术

计成特别推崇依水堆筑的假山，因为"水令人远，石令人古"，两者在性格上是一刚一柔、一动一静，起到了相映成趣的效果。他在自己的专著《园冶》一书里，多次谈到这一点："假山依水为妙。倘高阜处不能注水，理涧壑无水，似少深意。"、"池上理山，园中第一胜也。若大若小，更有妙境。就水点其步石，从巅架以飞梁；洞穴潜藏，穿岩径水；峰峦飘渺，漏月招云。莫言世上无仙，斯住世之瀛壶也。"又提到："掇石须知占天，围土必然占地，最忌居中，更宜散漫。"他在《掇山》一章里，还详尽地介绍了自己多年掇山的实践经验："掇山之始，春木为先，较其短长，察乎虚实。随处挖其麻柱，谅高挂以称竿；绳索坚牢，扛抬稳重。主根辅以粗石，大块满盖春头；堑里扫于查灰，着潮尽钻山骨。方堆顽夯而起，渐以皴文而加；瘦漏生奇，玲珑安巧。"怪不得阚铎在称赞《园冶》一书时说："《掇山》一篇，为此书结晶"（《园冶识语》）。

狮子林素有假山王国之誉。园中的假山，大多依水而筑。其园平面呈长方形，面积约1公顷，东南多山，西北多水，长廊三面环抱，曲径通幽。园中石峰林立，均以太湖石堆叠，玲珑俊秀，有含晖、吐月、玄玉、昂霞等名称，还有木化石、石笋等，皆为元代遗物。山形大体上可分为东西两部分，各自形成一个大环形，占地面积很大，山上满布着奇峰巨石，大大小小，各具姿态。多数像各类狮形，也有似蟹鼋、如鱼鸟的，千奇百怪，难以名状。石峰间生长着粗大的古树，枝干交叉，绿叶掩映，从外部看上去，只见峰峦起伏，气势雄浑，很像一座深山老林。而石峰底下，却又全是石洞，显得处处空灵。石洞上下盘旋，连绵不断，具有岩壑曲折之幽、峰回路转之趣。忽而登上山峰，忽而翻入洞穴，眼看山穷水尽疑无路，却又豁然开朗又一村；明明相向而来，忽又背道而去；隔洞相遇，望而不可及；看看似乎不远，走走却左弯右曲，盘旋往复，半天也绕不出来；两个人同时进山分两路走，有时只闻其声，不见其人，有时见了人也难近其身；近在眼前，却不能一同行走，而眼睛一霎，却又是分道扬镳，过了半天才能重逢，犹如诸葛亮摆下的八卦阵，奥妙无穷。正是"石不能言趣无穷，花应解语兴更添"。而且每换一洞，内观、外景都不相同，故有"桃园十八景"之称。天如禅师的《狮子林即景十四首》诗中有一首云："鸟啼花落屋西东，柏子烟青芋火红。人道我居城市里，我疑身在万山中。"清人赵翼《游狮子林题壁》诗，对狮子林假山之妙，作了绘声绘色的描绘："一篑犹嫌占地多，寸土不留惟立骨。山蹊一线更迁回，九曲珠穿蚁行穴。入坎深愁墨穴深，出幽顿怯钩梯窄。上方人语下弗闻，东面来客西未觌。有时相对手可援，急起追之几重隔！"据传此园曾邀请元代大画家倪云林等人共同进行设计，故其山成为立体的画，从而名声大著，如图 5-6 所示。

图 5-6　苏州狮子林，以湖石假山众多著称，以洞壑盘旋出入的奇巧取胜

无锡寄畅园的八音涧，是叠山与理水结合相得益彰的又一范例。八音涧涧道盘曲，林壑幽深，置身其中，但见奇岩夹径，怪石峥嵘，高林蔽日，浓荫蔽地。空间紧凑曲折，景色幽深寂静，有"前不知其所穷，后不知其所止"的观感，与山外开朗清旷的景观形成强烈的对比。岩壑涧道采用实中求虚的布局，形成幽深的闭锁空间，限止游人视线，加强假山的深厚感，使人不知山前山后、山左山右有几许地步，达到"景愈藏，景界愈大"的效果。八音涧的设计，巧妙地利用了墙外的二泉伏流，引导到假山中来。整个水系长仅 40 余米，利用咫尺之地，依据了地形的倾斜坡度，顺势导流，创造出曲涧、澄潭、飞瀑、流泉等诸般水景，增加了景观内容，丰富了山水意趣。源头之水由墙外石隙流入，啮石而出，再流入石盂。水由盂口跌落至下一级小潭，然后化为清溪曲涧，蛇行斗折于崖根石角，曲折而下。将近泄口时，又跌落低一级的小潭，再流入锦汇漪。由于将这一水系分段变异，在源头、中游及泄口的上、中、下三级有意将水面放宽，使得水系的结构丰富活泼，既有蓄积停泓的泉潭，又有迂回轻泻的曲涧、悬空挂注的流瀑，观感各异，变化多趣。而盘涡飞沫的溪流，又产生了铿锵铮枞的水声，达到了"山本静，水流则动"的对衬效果。

堆叠假山之所以"依水为妙"，被视为"园中第一胜"，正如郭熙所言："水者，天地之血也"；"山以水为血脉"，"故山得水而活"，山"无水则不媚"，如图 5-7 所示。

图 5-7　无锡寄畅园的八音洞，叠山与理水结合相得益彰

5.1.2　叠石的工艺过程

1. 叠山工艺过程

用自然山石掇成假山的工艺过程，大致包括选石、采运、相石、立基、拉底、堆叠中层、结顶等工序。

（1）选石

自古以来，选石追求"漏、透、皱、瘦"和"丑、清、顽、拙"。明末造园家计成提出了"是石堪堆，遍山可采"和"近无图远"的主张。这种就地取材、创造地方特色的选石思想，突破了选石的局限性，为叠山取材开拓了新路。叠山常用的石品大致有湖石、黄石、英石、卵石、剑石等，要在就近取材，选择方正端庄、周润浑厚、峭立挺拔、纹理奇特、形象仿生的天然石种。此外，还可利用废旧园林的古石、名石，这样不仅石品好，且可节省资金，还可避免各地叠山千篇一律的弊病。

（2）采运

我国古代采石多用潜水凿取、土中掘取、浮面挑选和寻取古石等方法。运石多用浮舟扒杆、绞车索道、人力地龙、雪橇冰道等方法。为不损坏奇石外形，常采用泥团、扎草、夹江、冰球等方法加以保护。无论人抬、机吊、车船运输，都不可集装倾卸，应单件装卸，单层平摆，以免损伤。北宋为造艮岳，向全国各地选取奇石异材，其搬运方法已经十分科学，《癸辛杂记》中写道："艮岳之取石也，其大而穿透者，致远必有损折之虑。其搬运之法：乃先以胶泥实众窍，其外复以麻筋、杂泥固济之，令圆浑日晒极坚实，始用大木为车，致于舟中，直挨抵京，然后浸之水中，旋去泥土，则省人力而无他虑，此法甚奇。"由于具有"漏、透、皱、瘦"和"丑、清、顽、拙"的石品价高难求，因而有人工加工者，《长物志》记载："石在水中者为贵，岁久为波涛冲击，皆成空石，面面玲珑。在山上者名'旱石'，枯而不润，赝作弹窝，若历年岁久，斧痕已尽，亦为雅观。吴中所尚假山，皆用此石。"《素园石谱》记载："平江太湖工人取大材,或高一二丈者,先雕置急水中舂撞之,久久如天成。或以烟熏,或染之色。"

(3)相石

相石又称读石、品石。施工前需先对现场石料反复观察,区别不同质色、形状、纹路和体量,按叠山部位和造型要求分类排列。其中关键部位用石应预先做出标记,以免滥用。经过反复观察和考虑,构思成熟,胸有成竹,才能做到通盘运筹,因材使用。

(4)立基

立基即奠立基础。基础深度取决于假山高度和土基状况,一般基础表面高度应在土表或常水位线以下30~50厘米。基础常采用的方式,一是桩基,用于湖泥沙地;二是石基,多用于较好的土基;三是灰土基,用于干燥地区;四是钢筋混凝土基,多用于流动水域或不均匀土基。

(5)拉底

拉底又称起脚,具有使假山的底层稳固和控制其平面轮廓的作用。一般在周边及主峰下安底石,中心填土,以节约石料。

(6)堆叠中层

中层系指底层以上、顶层以下的大部分山体。这一部分是叠山工程的主体,叠山的造型手法与工程措施的巧妙结合主要表现在这一部分。古代匠师把叠山归纳为三十字诀,即:安连接斗挎(跨),拼悬卡剑垂,挑飘飞饯挂,钉担钩榫扎,填补缝垫杀,搭靠转换压。"安",指安放和布局,既要玲珑巧安,又要安稳求实。安石要照顾向背,有利于下一层石头的安放。山石组合,左右为"连",上下为"接",要求顺势咬口,纹理相通。"斗",指发卷成拱,创造腾空通透之势。"挎",指顶石旁侧斜出,悬垂挂石。"跨",指左右横跨,跨石犹如腰中"佩剑",向下倾斜,而非垂直下垂。"拼",指聚零为整,欲拼石得体,必须熟知风化、解理、断裂、溶蚀、岩类、质色等不同特点,只有相应合皴,才可拼石对路,纹理自然。"卡",有两义,一指用小石卡住大石的间隙,以求稳固;二指特选大块落石,卡在峡壁石缝之中,呈千钧一发、垂石欲坠之势,兼有加固与造型之功。"垂",主要指垂峰叠石,有侧垂、悬垂等做法。"挑",又称飞石,用石层成前挑后压,创造飞岩飘云之势。挑石前端上置石称"飘",用在门头、洞顶、桥台等处。"钉",指用扒钉、铁锔连接加固拼石的做法。"扎",是叠石辅助措施,即用铁丝、钢筋或棕绳将同层多块拼石,先用穿扎法或捆扎法固定,然后立即填心灌浆,并随即在上面连续堆叠两三层,待养护凝固后,再解索整形、做缝。"垫"、"杀",为假山底部稳定措施,山石底部缺口较大,需用块石支撑平衡者称"垫";而用小块形硬质薄片石打入石下小隙为"杀"。"搭"、"靠"(接)、"转"、"换",多用于黄石、青石施工,即按解理面发育规律进行搭接拼靠,转换叠山垒石方向,朝外延伸堆叠。"缝",指勾缝,常见的有明暗两种,做明缝要随石面特征、色彩和脉络走向而定,并用小石补贴,石粉伪装;做暗缝是在拼石背面胶接,而留出拼石接口的自然裂隙。"压",在叠山中十分讲究,有收头压顶、前悬后压、洞顶凑压等多种压法;中层还需千方百计留出狭缝洞穴,以便填土供植花木。

(7)结顶

结顶又称收头。顶层是叠山效果的重点部位,收头峰势因地而异,故有北雄、中秀、南奇、西险之称。就单山形象而言，又有仿山、仿云、仿生、仿器之别。叠山顶层有峰、峦、泉、洞等二十多种。峰石需选最完美丰满石料，或单或双，或拼或群。立峰必须以自身重心平衡为主，支撑交接为辅。石体要顺应山势，但立点必须求实避虚，峰石要主、次、宾、配分明，彼此有别，前后错落有致。"洞"，按结构可分为梁柱式、券拱式、叠涩式。叠洞，古称"理洞"，要起脚如立柱，巧叠仿门户，明暗留风孔，梁、券成洞顶，撑石稳洞壁，垂石仿钟乳，涉溪做汀步。洞口有隐有现，洞体弥合隙缝，以防渗水松动。清代叠山名师戈裕良，用勾带联络法将山石环斗成洞，顶壁一气呵成，可历数百年之久。顶层叠石尽管造型万千，但决不可顽石满盖而成童山秃岭，应土石兼用，配以花木。

2. 山石造景工艺

叠山时应自后向前，由主及次，自下而上，分层作业。各工作面的叠石务必在胶结料未凝结之前或凝结之后才能继续施工，切莫在凝结期间施工，因为一旦松动，胶结料失效，势必影响全局。山体内的管线、水路、孔洞应预埋预留，切忌事后穿凿，松动石体，影响假山寿命。对于承重受力用石，必须小心挑选，保证有足够强度。叠石力求一次成功，尽量避免反复。有水景的地方，应开阀试水，统查水路、池塘等是否漏水。有种植花木条件的地方，应填土施底肥，种树、植草一气呵成。正如唐代王维所说："平夷顶尖者，巅；峭峻相连者，岭；有穴者，岫；峭壁者，崖；悬石者，岩；形圆者，峦；路通者，川；两山夹道，名为壑也；两山夹水，名为涧也；似岭而高者，名为陵也；极目而平者，名为坂也。依此者，粗知山水之仿佛也"（《山水论》）。

以为例，大致可分为岩崖、峰峦、谷涧、洞隧、磴道、泉瀑、矶滩七种，如图5-8所示。

图 5-8　苏州园林的山石造景

（1）岩崖

悬崖峭壁为石山最常见的表现景象。一般采用湖石堆叠成峻峭的山壁，以"小中见大"的手法，与周围景观遥相呼应。它多是组织整体山势的一部分，或壁立如苏州藕园东园和上海豫园的黄石山，以及南京瞻园、杭州西湖郭庄的湖石山；或悬挑如苏州环秀山庄、扬州片石山房的湖石山。也有采用以掩饰围墙边界、紧倚墙壁叠撷的"峭壁山"，既掩俗丑，又空出有限空间，是一举数得的聪明之举。临水叠撷的岩崖，有水中倒影衬托，更显得高崇生动。

（2）峰峦

为取得远观的山势观景效果，以加强山顶环境的山林气氛，而有峰峦的创作。山巅参差不齐的起伏之势，谓之峦；山峦突起，谓之峰。或以黄石叠撷，如上海豫园黄石假山；或以整块湖石叠置，如苏州留园的冠云峰、岫云峰、瑞云峰三巨石，如图 5-9 所示。

图 5-9　左图为以叠石著称的留园内峰峦造景，中图、右图为拙政园内的峰峦造景

（3）谷涧

反映自然幽谷或山涧。苏州环秀山庄是描写高山峡谷、涧底湍流的杰作，由于它采取了较大的尺度，浏览者可以置身于谷涧之间，感受良深。无锡寄畅园八音涧，是自然山林中潺潺溪谷的成功描写。苏州藕园假山分东、西两部分，其间辟有谷道，宽 1 米多，两侧壁如悬崖，状似峡谷，疏植花木，长葛垂萝，情趣盎然。谷涧是中国古典园林中再现自然真山大壑一角的艺术构筑，产生一种"似有深境"的艺术效果。

（4）洞隧

石质假山一般均叠撷洞隧，一则可以丰富游览内容，二则可以节约石料，三则可以扩大叠山体量，是一举数得的聪明作法。洞顶结构有梁式和拱式两种，要求叠撷自然，不露人工构造痕迹，故一般多采用拱券结构。洞隧叠撷成功的佳例，用湖石叠撷的有苏州狮子林、环秀山庄，用黄石叠撷的有扬州个园秋山和寄啸山庄南部的石山洞窟等。苏州小灵山馆与洽隐园小林屋洞，以及扬州棣园、个园的洞隧中，用倒挂钟乳石表现喀斯特溶洞景观，取得更为逼真的效果。

（5）磴道

磴道亦称"盘道"，是假山盘旋上下的石阶通道。苏州狮子林假山内部灵空，沿磴道上上下下，曲里拐弯，四通八达。但要到达目的地，必须按一定的磴道布局走，一不小心，就会进入迷宫，绕来拐去，可望而不可即，甚至仍走回原处，成为狮子林假山构建一绝。

（6）泉瀑

山泉、瀑布与谷涧，在中国园林实例中，主要依赖于竖向设计和叠石的衬托。在江南古典园林中，由于没有自然落差的水利条件，山泉、瀑布的水源主要依赖于雨水。江南多雨，每遇降雨时，便可以观赏到飞泉、流瀑景观。为取得这样的水源，将泉瀑叠石都布局在紧靠高高的房屋墙壁顶，以便汇集屋檐水，即利用墙头做天沟，先将高楼的檐水，集中在山顶小坑内，再突出石口，泛漫而下，形成山泉、瀑布景观。环秀山庄原来依西北部山阁（过街楼），即叠撷有这样的瀑布。利用雨水构造泉瀑景观，明人文震亨所著《长物志》中曾作了详尽介绍：用竹管引屋面雨水，暗接石罅中，从叠石上流下，形成飞泉流瀑，喷薄潺湲有声。此外，还介绍了采用水柜蓄水的办法："蓄水于山顶，客至去闸，水从空直注。"狮子林瀑布就是采用这种手法。利用蓄汇雨水制造飞泉流瀑景观的做法，十分经济，只是旱季不易奏效。

（7）矶滩

这是与水体密切联系的一种叠石，旨在描写大自然中岩石河床、湖岸略凸出水面的景观。它多与水池相结合，作为活跃岸边、衬托水面景观的一种艺术处理。在水位不稳定的情况下，池岸叠石往往作层层低下的不规则阶梯状处理，以便在不同水位时都能保持岸边低临水面的池水荡漾效果。矶滩不仅是一种耐人寻味的叠石形式，而且还可供游人坐石临流，嬉弄碧波。

石质堆山，并不一定全部用石筑成，大致可细分为土胎石山和纯石山两种。土胎石山，亦称为石包土，这是使用较少石料而建造较大体量石山的经济做法。所谓石包土，一般是先叠石、后填土，这样方可保证叠石有稳定的基础。凡属精心构筑的作品，都遵循自然规律，山石、湖石决不混杂使用。由于石料不足，需要湖石、黄石两种石料兼用时，则两种石料分别叠撷，常是基础部分采用价格较低的黄石，出土盖面以上直至峰峦，则采用价格较高的湖石，如环秀山庄。若欲将土壤坚实的土山改造为石山，则是后包镶石块，即沿盘山磴道叠置，除地面铺装外，垂直面都作叠石，使其不露土，如此层层而上，直达山顶，从而造成石山景观效果。一般仅在需要配植花木之处，露土留出花台；山顶为了植树，往往披露大面积的土质。峰峦的处理，常结合山上的游览路线，每于盘道转折处叠石增高，或点置独石成峰，形成"峰回路转"的布局。

纯石山，耗费石料较多，为节省财力，一般叠撷的体量要比土胎石山和土山小得多，故历来有"大山用土，小山用石"的说法。为使一定数量的石料发挥最大的作用，纯石山总是中空的，这样既创造了洞隧，又扩大了体量。

5.2　中国园林的理水

5.2.1　水体的美学功能

在我国风景旅游资源中，水的景观同样特别丰富多彩，水与人的关系是相当密切的，没有水就没有了生命，水在人们的内心有着丰富的情感内涵，水有江河，有湖泊，有池沼，有瀑布，有溪涧。"游山玩水"这一句俗话，很恰当地把"玩水"作为中国人旅游观赏的第二内容。因为水系从它发源开始，沿途受其自然条件、人文条件等各种影响，就会形成千姿百态、美不胜收的各种景观。正如《水浒后传》作者陈忱所描绘的："水发源之时，仅可滥觞；渐而为溪，为涧，为江，为湖，汪洋巨浸而放平四海。当其冲决：怀山襄陵，莫可御遏，真为至神至勇也；及其恬静：浴日沐月，澄霞吹练，鸥凫浮于上，鱼龙潜于中，渔歌拥泄，越女采莲，又为至文至弱矣。"明代大文学家袁宏道在《文漪堂记》中也对水景的千变万化作过如下生动的描写："天下之物，莫文于水；突然而趋，忽然而折，天回云昏，顷刻不知其几千里；细而为罗縠，旋则为虎眼，注则为天绅，立则为岳玉；喷而为雾，吸而为风，怒而为霆。疾徐舒蹙，奔跃万状，故天下之至奇至变者，水也。"陈祖孙曾写《登咏水诗》："龙川紫阙映，珠浦碧沙沉。岸阔莲香远，流清云影深。风潭如拂镜，山留似调琴。请君看皎洁，知有淡然心。"短短的一首诗，将水的形态、碧沙、岸阔、莲香、云影、动态与音响及建筑（紫阙）倒影都如画般地描绘到了。

自然界的水体千姿百态，其形态、风韵、声音都能给人以美的享受。自古以来，人们早已将其视为艺术创作的源泉，把它从自然界直接引入到人类的艺术生活中来。人们按照自己的审美需要，或对自然水体加以人工改造，或直接营建人工水体，以美化人类的生活环境，并称之为"理水造景艺术"。在中国历史上，独创了中国的理水技法，展现了浓郁的东方文化特色。中国式的理水技法，曾对亚洲、欧洲各国园林水景的构建有过重大影响。

水面随园林的大小及布局的情况，或开阔舒展，或潆回幽深，使空间延伸，使景观变幻。当山石、花木、建筑、水禽、鱼属与水的漫延流动的神态结合在一起时，更觉得自然而富有生机。欲草木欣欣，需水；欲挟烟云而秀媚，需水；欲照溪谷而生辉，更需水。水是园林中的"活体"，其形态多彩多姿、水质柔滑、肥腻、人爱亲昵；水面五彩缤纷的倒影，令人欢快；水形回环、深静，逗人遐想；汪洋喷薄、山泉激射、瀑布插天、水珠溅扑，使人激动。圆明园曾构造了两个水景区，以获听水体流动的音乐声：一曰"夹镜鸣琴"，"取李青莲'两水夹明镜'诗意，架虹桥一道，上构杰阁，俯瞰澄泓，画栏倒影，旁崖悬瀑水，冲激石罅，铮琮自鸣，犹识成连遗响。"乾隆皇帝特写《调寄水仙子》诗词赞道："垂丝风里木兰船，拍拍飞凫破渚烟。临渊无意渔人羡，空明水与天。琴心莫说当年，移情远，不在弦，付与成连"。二曰"坐石临流"，"仄涧中泉奔汇，奇石峭列，为坻为碕，为屿为奥。激波分注，潺潺鸣濑，可以漱齿，可以泛觞，作亭据胜，泠然山水清音"，如图5-10所示。

明人邹迪光说得好："园林之胜，惟是山与水二物。无论二者俱无，与有山无水、有水无山，不足称胜。即麓旷率而不能收水之情，水径直而不能受山之趣，要无当于奇"（《愚公谷乘》）。同代著名文人王世贞也这样认为："凡山居者，恒恨无水；水居者恒恨无山"（《安氏西林记》）。"山以水襞，大奇也；水得山，复得大奇"（《弇山园记》）。可见水景是继山景之后中国园林的第二大

图 5-10　古典园林中的理水造景

要素。造园必须有水，无水难以成园。中国有一句古话，叫作"智者乐水"。登山使人生高远之想，而玩水却使人作恬淡之思；游山令人激动，而玩水却教人安谧。玩水的过程，常是令人深思的过程，所以孔子见了东流之水，要概叹"逝者如斯"。

清代著名文人尤侗，曾对园林中水景的审美功能作了"洁"、"虚"、"动"、"文"四字的概括："当暑而澄，凝冰而冽，排沙取尘，盖取诸洁；上浮天际，水隐灵居，窈冥恍惚，盖取诸虚；屑雨奔云，穿山越洞，铿訇有声，盖取诸动；潮回汐转，澜合沦分，光彩混漾，盖取诸文。"这"洁"、"虚"、"动"、"文"四字，是对理水造景的极好概括。

中国园林理水造景，以静态水面为主，不同于西方园林以动态水形的理水造景，一潭平似玻镜的水面蕴含着静谧、稳定、洁净的美。清代杭州有一座宅园叫"鉴止水园"，"鉴"，观赏也，"止水"，静水也，所谓"清池涵月，说出千家烟雨"是也，充分反映出园主对静水造景的喜爱。对此，陈从周先生曾作过一个生动的比喻：凡是成功的园林，"都能注意水的应用，正如一个美女一样，那一双秋波是最迷人的地方。"

西方园林也特别注重构造水景，但西方园林构造水景的艺术情趣与中国园林构造水景的艺术情趣迥然不同。西方园林崇尚人工美，要求一丝不苟地按照纯粹的几何结构进行构造，将水面限制在整整齐齐的几何形状的石砌池子里，并用喷泉造成人工活动的水景。以举世闻名的法国凡尔赛宫为例，凡尔赛宫可以说是西方园林的顶级代表杰作，由"园师之王"勒诺特尔设计，自法王路易十四于1661年开始经营，到路易十五世王朝才全部告成，历时百年。勒洛特尔为制造出壮观的活动水景，建造喷泉多达1400座（今尚存607座），其数量之多、分布之广，令人惊叹。然为此付出的经济代价、人力代价，也令人咋舌。这么多的喷泉造价暂且不论，光供水量之巨，足令人伤透脑筋。喷泉使用伊始，水量需求就无法满足，只得限制宫廷内生活用水，喷水也只在国王游园时才启动。为解决供水问题，也颇费周折，1666年后，决定仰赖附近的塞纳河，但仍然不堪胜任。1685年，引伏尔河水，用三千士兵挖掘沟渠，夜以继日，然到1688年因发生战争而停顿。随后又计划引入马尔来水，也不敷用。最后到了19世纪，在凡尔赛西南48千米高原取得水源并引入，才基本解决了供水问题，但仍不足以提供昼夜不息喷水之用。显而易见，这种构造水景是极不经济的，是劳民伤财的。

与西方园林构造水景相比较，中国园林构造水景完全因势而筑，其艺术趣味迥然不同，其经济代价也极小，实在值得总结、借鉴与发扬。

5.2.2　园林理水的规律

水在造园中不像建筑那样需要花费很大的人力和物力，也不像花木那样需要精心管理和一个长时间的生长过程，只要稍加人工整理，即可收到艺术效果。因此，它是造园中一种极为经济和容易奏效的手段。它与园林中的其他因素如建筑、假山、花木和动物相结合，使园林的艺术构图生动活泼，可以创造出许多动人的景观。我国古代造园家早已认识到这一点，并在造园实践中巧妙地加以运用。

中国自造园开始，就特别注意水景的构造，或借用自然水景，或挖池自造。周文王的"灵囿"，除了堆土为"灵台"外，还有挖池为"灵沼"："王在灵沼，于牣鱼跃。"汉代上林苑中，有灞、沪、泾、渭、丰、镐、潦、潏八川，经营其内，其中灞、沪二水，终始尽于苑中："醴泉涌于清室，通川过于中庭"（司马相如《上林赋》）。隋炀帝于洛阳建造西苑，在周长100千米中，"凿五湖，每湖方四十里，南曰'迎阳湖'，东曰'翠光湖'，西曰'金明湖'，北曰'洁水湖'，中曰'广明湖'，湖中积土石为山，构亭殿曲屈盘旋……又凿北海，中环四十里。中有三山，效蓬莱、方丈、瀛州……

水深数丈，开沟通五湖四海，勾尽通行龙凤舸"（《唐宋传奇集·隋炀帝海山记》）。唐代长安东南角芙蓉园，是以曲江风景为主的风景胜地。曲江南北长 1 360 米，宽约 500 米，水面呈南北长、东西狭的不规则形状，池中植有莲荷，池边蒲草丛生，堤岸杨柳迎风，唐代许多诗人写诗描绘过它："紫蒲生湿岸，青鸭喜新波"（张籍）；"鱼戏芙蓉水，莺啼杨柳风"（张说）；"水殿临丹槛，山楼绕翠微"（李乂）等。白居易的白莲庄："有水一池，有竹千竿。"宋代著名的皇家园林艮岳："瀑布下入雁池，池水清泚涟漪，凫雁浮泳水面，栖息石间，不可胜计"（宋徽宗《艮岳池》）。此外，元代大都的西御苑太液池和明清两代在此基础上建成的三海（南海、中海、北海），更是以水景为主。

　　寺庙园林也莫不有水，因为这既是居者生活之必需，也是游者观赏之必需。北魏洛阳景明寺，"寺有三池，萑蒲菱藕，水物生焉。或黄甲紫鳞，出没于繁藻或青凫白雁，浮沉于绿水。碾硙春簸，皆用水功。伽蓝之妙，最得称首"（《洛阳伽蓝记》）。东晋庐山东林寺则有"即松载沟，清泉环阶"的景观处理。宁波天童寺西侧有水涧一道，名曰"西涧分钟"。太原晋祠圣母殿前，凿方池"鱼沼"，上架"十"字形平面桥，组成"鱼沼飞梁"一景。天台山国清寺前清泉潺潺，构成"双涧回澜"景观。此外，几乎寺寺皆构筑放生池，放生池既是为宗教需要而设，同时也为观赏需要而设。这类方池，多半经人工加工而成。池之狭者若潭，常利用天然泉眼扩大而成，如杭州韬光寺金莲池、青城山上青宫麻姑池。池之广者，如天童寺万工池、国清寺鱼乐园池、杭州玉泉池、苏州西园池等。

　　究其园林水体的造景功能，概括起来，大致有如下三点。

（1）水面倒影造景

　　"青林垂影，绿水为文。"北魏杨衒之在《洛阳伽蓝记》中的这一句话，概括地寻出了水面倒影的一种特殊迷人魅力。乾隆皇帝写有一首《水闸放舟至影湖楼》的诗："四面清波平似镜，两层高阁耸如图。影湖底识为佳处，幻景真情牛有无。"倒影组成水面图画的迷人之处，就在于半有半无、似实而虚的幻影中。"池中水影悬胜境"（庾信《春赋》中句），利用倒影组织风景构图，最主要的是匠心独具地具体布置岸边景物。承德避暑山庄水心榭的倒影，是成功的一例。三座形式各异的凉亭架于石堤之上，宛如画船凌于碧波。亭影入湖，水面因之色彩斑斓，与蓝天、白云的倒影共同组成一幅极美的图画，犹如水中别有一天。金山倒影，俨然似水中宫殿，连离园约 5 千米外的棒槌峰也倒映在这幅天然图画中，令人心旷神怡，"不信山从水底出，却疑身在画中看"（清代魏际瑞《金山》）。清人陈维嵩说得好："水绘之义，绘者，会也：南北东西，皆水绘其中，林峦葩卉，块乿掩映，若绘画然"（《水绘园记》）。杨衒之的"绿水为文"与陈维嵩的"水绘之义"，最确切不过地道明了"水面倒影"的美学内涵，如图 5-11 所示。

（2）水面动物造景

　　"俯视澄波，潜鳞涵泳。"清澈的湖水，为创造以鱼族、水禽为主题的动物造景提供了极好的条件。苏州沧浪亭复廊东面尽头处有方亭一座，名曰"观鱼处"，俗称"钓鱼台"，三面环水，纳凉观鱼，最为相宜，正如《观鱼处》（佚名）所写："行到观鱼处，澄澄洗我心。浮沉无定影，谗濡有微音。风占藕花落，烟笼溪水深。濠梁何必远，此乐一为寻。"承德避暑山庄有两处观鱼处，一处叫"石矶观鱼"，为康熙皇帝所定："溪水清澈，修鳞衔尾，荇藻交枝，历历可数。"康熙皇帝曾写诗纪其享："唱晚鱼歌旁石矶，空中任鸟带云飞。羡鱼结网何须计，备有长竿坠钓肥。"另一处叫"知鱼矶"，为乾隆皇帝所定，在如意湖北岸，嘉庆皇帝曾写诗纪其事："游心濠濮间，在藻锦鳞戏。洋洋唼浪花，穿萍影浮翠。"凡中国园林，在水面某处都辟有观鱼景观，如无锡寄畅园池中心一侧有水榭曰"知鱼槛"；

上海豫园有"鱼乐榭"，跨于溪流之上；苏州留园池水东侧有"濠濮亭"，三面环水；杭州西湖东南端有"花港观鱼"，都是著名的观鱼景观所在，如图 5-12 所示。

图 5-11　面积较小的网师园中运用水面倒影的手法扩大视觉空间效果

图 5-12　拙政园中的鸳鸯戏水和观鱼之景

（3）水生植物造景

　　"绿盖红冠塞水滨，风前雨后越精神。"种植水生植物，美化水面，创造出生动的园林景观。承德避暑山庄宽广的水面，种植荷花、菱角、芦苇等水生植物，与其他景观相配合，成为特有的审美景观。水生植物中，备受人们青睐的是荷花。每当夏季荷花盛开时，满湖翠碧，红白相映，绿叶相间，使湖面变得五彩缤纷，如锦铺霞染。避暑山庄有多处观赏荷花的景点，而且每处都各有特色。"曲水荷香"景点，主要观赏红莲，康熙皇帝在《曲水荷香》中写道："碧溪清浅，随石盘折，流为小池。藕花无数，绿叶高低，每新雨初过，平堤水足，落红波面，贴贴如泛杯。"；"远近泉声"景点，主要观赏白莲："前后池塘，白莲万朵，花芬泉香，直入庐山胜境矣。"荷花不仅以它的物理属性美深受人们喜爱，而且更以它的精神属性美受人颂扬，因而在古代文人所构筑的私家园林中，每每受到园主的格外青睐。如苏州拙政园的主体建筑远香堂，有意安排在面临荷池之处，每当夏日，荷风扑媙，清香满堂，取其宋代周敦颐《爱莲说》中"爱莲出污泥而不染，濯清涟而不妖"的语意。苏州狮子林池北面，依岸筑有荷花厅，厅内挂有"水壁风来"、"襟袭取芬"等匾额，厅前临水筑平台，主要是为了观赏池荷，如图 5-13 所示。

图 5-13　左图为拙政园荷风四面亭池中四周的荷花，右图为网师园中的睡莲

5.2.3　园林理水艺术赏析

综观中国园林的理水艺术，自然园林的水面往往比较大，故特别讲究整体布局。皇家园林的水面也不小，其理水布局往往仿效自然园林。私家园林的水面最小，其理水布局均比较精致细巧。虽然自然园林、皇家园林与私家园林的面积大小不一，其理水艺术也各具个性，然而，理水艺术仍有其共同性，在笔者看来，至少有如下七点。

1. 园林之水，首在寻源

在我国南方地区雨水充沛，多有地表水，属于水网地带，园林水源似不成问题。其实不然，还有一个理水找源问题。江南地下水位较高，一般在地表水以下 1 米左右即可见水，即使平地掘池，也不难造成地表水面，其关键在于能找到活水源，使其不成为一潭死水。江南城镇一般都沿河而筑，构成所谓"河街"，许多私家园林都是将园内水体与园外河道相连通，这样既可得到一定的活水予以源源不绝的补充、冲刷，从而保持基本水量的不断供给和水质的纯净，同时也便于雨季园池过量雨水的排放，这原是最经济、最便捷的方法。然而，沧桑变化，许多河道或被淤塞或被填埋，所以现存园林的水池大多变为死水。为保持池水的清洁度，一般采用两种办法：一是多养鱼，以鱼吸食水中微生物，防止水质腐败；二是水下打井，可使园内地表水与移动的地下水相沟通，使其获得源源不绝的活水补充，从而改善水质。如苏州怡园池底便打有两井，拙政园、狮子林等池底也皆打有井，上海豫园池底则打井三口，皆 3 米多深。

"问渠哪得清如许？为有源头活水来。"无源之水，必成死水。"一潭死水"，必然臭腐，为人所恶，故亦为园林之大忌。园林用水，贵在一个"活"字。而水欲活，必须有"源"。正如陈从周先生在《说园》中所说："山贵有脉，水贵有源，脉理贯通，全园生动。"造园必须先寻得充沛的水源，唯有这样，才能常年有足够的活水。宋代郭熙在《林泉高致》中说得好："水者，天地之血也，血贵周流，而不凝滞。"然而，要找到这样的活水之源，谈何容易！因为它主要依靠大自然的恩施，而不似园林的其他四大要素，完全可以凭借人工所得。明代王永积在《锡山景物略》中说："假山可为，假水不可为"，其道理即在于此。清人潘朱耒也深有体会地说："盖园居最难得者水，水不可以人力致，强而蓄焉，止则竭，漏则涸。"因而他大发感慨："造园之难，往往就独患无不竭之水"（《纵棹园记》）。

179

难怪白居易在构筑庐山草堂时，引获一活水源，高兴得写诗道："最爱一泉新引得，清冷屈曲绕阶流。"所以，寻找丰沛的活水源是造园家必须首先注意的。早在宋代，叶梦得就曾指出："有山处常患无水，虽有水，涸集不时，亦不足贵"（《玉涧杂书》）。因而，计成再三强调：造园一开始便要"立基先究源头，疏源之去由，察水之来历"（《园冶》卷一《相地》），这是古代造园经验的深刻总结。

总而言之，丰沛的活水源乃是园林的生命线。因此，规模大的园林多以河流、湖泊为水源。我国古代造园家对解决园林水源问题早就积累了一套成功的经验。杜甫的名句"名园依绿水"，正是古代造园经验的结晶。规模宏大的皇家园林，多引河水为源。秦始皇建造咸阳宫，弓渭水、樊川之水，作为园林的活水源。杜牧《阿房宫赋》说："二川溶溶，流入宫墙"，即指引渭水、樊川入宫苑的事。汉、唐以长安为都时，其宫苑也以此二川为源。隋唐以后，洛阳的园林特别发达，其重要条件之一，是有伊、洛二水供其源。南宋迁都杭州，江、浙一带园林空前发达，也是由于江南河川、溪流、涌泉极多，水源丰富。元、明、清三朝以北京为都城，多辟治大规模的皇家园林，最著名的有三山五园，也是由于玉泉等提供了丰富的水源。现存的世界最大皇家园林——承德避暑山庄，"山庄以山名，而趣实在水"，它的丰沛水源即来自山庄东北的武烈河（热河）。乾隆在他的诗文中曾多次提到这一点，如《望源亭》一诗中写道："引来武烈百余里，初入山庄可号源。""引来武烈流，咫尺入水关。"

并自注说："园中诸水皆由东北水关引武烈水入"。杭州西湖之水虽多，但无源也必成污水，近年杭州市府采用堵与引的办法，一方面沿湖埋设排污管道 9.4 千米，使环湖的污水不再排入湖内；一方面借用钱塘江之水，埋管引入西湖，遂使其成为活水，终使湖水常年清澈。无锡寄畅园锦汇漪之水，来自惠山二泉，常年不枯。杭州玉泉，设计成整形水池，水源来自泉水，叠落用石刻龙头吐水处理，与西汉时"铜龙吐水，铜仙人衔杯受水下注"的记载一脉相承。这类园林之水都是有源之水，是构建园林的成功范例，如图 5-14 所示。

图 5-14 古典园林中对水源的藏的处理手法

2. 园林之水，贵在曲折

中国人对曲与直的认识从来就是相对的，无曲折，必平淡无奇。清代著名画家恽正叔在《南田论画》中说："境贵乎深，不曲不深也。"园林的水面切忌做成正方形、长方形、圆形、椭圆形等几何图样，以免平板乏味。苏州怡园全园面积只不过 3300 多平方米，水面却占全园三分之一，舍得用这么大的面积来构筑水景，可见设计者对水的重视。然水面处理成近正方形，就使水景缺乏幽深曲折感，这正如陈从周先生《说园》中所说："水不在深，妙于曲折。"因为只有"萦纡非一曲"，才能达到"意态如千里"的艺术效果。

构成水体曲折深度的条件大致有以下三个。

一是藏源：所谓"藏源"，就是要把水体的源头作隐蔽处理，或藏于石隙，或藏于洞穴，或隐于溪瀑。苏州环秀山庄的水口处理，于洞壑藏源，增加水体的深度。苏州狮子林小赤壁水门处理，水体向岸底延伸，产生水源深舒感。扬州小盘谷，隐源于水流云在山泉。水体一隐源，便能引起人们循流追源的兴趣，实现"江水西头隔烟树，望不见江东路"的观赏效果，成为展开水景序列空间的一条线索，带动一池清水活动起来。正如郭熙在《林泉高致》中所说："水欲远，尽出之则不远，掩映断其派（脉），则远矣。"

二是引流：所谓"引流"，就是引导水体在空间中逐步展开，形态宜曲不宜直，以形成优美的风景线。南京瞻园藏源溪瀑，引流曲折迂回，有谷涧、水谷、溪湾、湖池、泉瀑，其间用亭榭、假山、花木互作掩映，水体纵贯全园，增加了水景的空间层次。

三是集散：所谓"集散"，就是要将水面进行适度的开合与穿插，既要展现水体主景空间，又要引申水体的深度，避免水面的单调、呆板。无锡寄畅园近长方形的水面，本来显得十分单调，构园者利用曲岸、桥廊分隔水面，得到水体的藏引和开合变化，构成多变的水景空间，弥补了先天的不足。

总之，园林的水体处理，贵在曲折有致，犹如作画的起结开合，须立意在先，立宾主之位，定远近之形，穿凿景物，摆布高低，让水面有流有滞，有隐有显，有大有小，有开有合，生发出无穷之意，如图 5-15 所示。

图 5-15　古典园林中对曲折蜿蜒的水体处理

3. 园林之水，妙在分隔

杭州西湖用白堤、苏堤等将其分隔成五个大小不同的水面；承德避暑山庄被芝径云堤等分隔成六个形状不一、大小不一的湖面；北京颐和园由西堤等分隔成五个水面；苏州拙政园则利用粉墙复廊等将全园分隔成东、中、西三园，每园内又用桥、堤、廊等进行再分隔，形成多层次的观景效果。这些园林的分隔艺术性，值得我们今天理水时进行借鉴。"水曲因岸，水隔因堤"，只有进行分隔，才能打破水面的单调，形成水景的多层次感。

4. 在较大的水域，构筑若干个中心岛

中国园林在水体的处理上向来就有水中筑岛的习惯，所谓的"一池三山"，杭州西湖在最大的外湖湖面构筑大小不一的三潭印月、湖心亭和阮公墩三个人工岛，顿使湖景变化多姿。承德避暑山庄在六个水面中，堆筑大小不一、形状各异的岛屿，观景效果也极好。苏州拙政园在东、中、西三个湖面上均构筑数量不一、大小不一、形状不一的中心岛屿，更是显例。只有这样，才能使水景多姿多彩，奥妙无穷，不至于一览无余。

5. 非必丝与竹，山水有清音

在园林理水造景中，若能运用种种手法，制造出水体的种种声音，就能引发游人的听觉美，观赏效果十分惊人。"滴水传声"，水声反衬出环境的幽静，令人产生一种强烈的幽静感。唐代著名诗画家兼造园家王维有诗句："竹露滴清香"，连竹叶上的露珠滴入水中的声音都能听得见，仅仅一滴水声就把人们引入一个十分幽静的空间之中。西溪流泻的流水，"声喧乱石中"，散发出欢快的水声，激发游人一种活泼感。杭州虎跑泉的水乐之水，四季清泉长涌，水声悦耳动听，素有"天然琴声"的美誉。寄畅园八音涧，利用惠山二泉的伏流，辟涧道曲流，制造出曲涧、飞瀑、流泉、澄潭等水景，伴以各种水声与岩壑共鸣，犹如"八音齐奏"，是借"山水有清音"的范例。北京北海濠濮涧，叠石粗犷，水口有泉瀑，水声活泼生动。苏州狮子林水池西边平地叠山，利用建筑滴檐水，造成人工瀑布注流入湖，水声增添了园林空间的音乐感，为观赏此景，山上专建飞瀑亭。福州鼓山"水流击钟"，引山泉活水转动木器击钟，水声、钟声交织在一起，幽雅传神，带出空间的音乐感。

6. 建筑贵从水面

这是计成《园冶》中的话，讲的是水体与建筑的关系，两者若结合得好，便可以相互借景，相辅相成。论水体与建筑的关系，大致有如下三种情形。

（1）水面包围建筑群。这往往是水体面积硕大，以大水面包围建筑群，水面衬托建筑空间向外伸展，形成开敞空间，使人的视野为之开阔，水面上阴晴雨雾的变化，可以激发出观赏者的各种想象。"气蒸云梦泽，波撼岳阳城"，浩渺的洞庭湖衬托出岳阳楼的雄伟气势，就是属于这一类。其他如西湖的平湖秋月、嘉兴南湖的烟雨楼、北京北海的琼岛白塔等，都以大水面包围建筑群而著名。

（2）建筑群环抱水面。这往往是水体面积较小，且又处于中心景观地位，形成"群星拱月"式的闭合空间，视野收缩，空间感静谧、亲切，这多见于一般小型园林，江南私家园林无不如此，以实现"从物外之情趣，谐寸田之中和"的意境。

（3）水体穿插于建筑空间之中，建筑空间随水体空间交织而变幻，视野时收时放，空间流动性强。将水体作为天然之物引入建筑空间环境之中，形成形态对比与势态对比。所谓"形态对比"，即是水体的柔和、色貌、形态特征与建筑的实态特征，形成柔与刚、虚与实的实感对比，使空间感平稳、静谧，产生环境空间的静态美。所谓"势态对比"，即是水体的自由流动、大小聚散的势态特征，与建筑的静态空间构成动与静、开与合的势态对比。正如计成《园冶》所说："人为之美入天然，故能奇；清幽之趣药浓丽，故能雅。"

7. 虽由人作，宛自天开

无论水面形状的曲折、水面的分隔，水面构筑岛屿，曲岸水口的设计和依水而筑的桥梁、楼台、亭榭、轩阁等建筑，都要力求达到"虽由人作，宛自天开"的标准，尽量不露人工斧凿痕迹。否则，就会产生东施效颦之感。须知，"自然者为上品之上"，这是评价中国园林艺术的最高标准。作为中国园林五大要素之一的理水艺术，当然亦概莫能外，尤须严格遵循。

本章重点与习题

1. 园林的地形种类有哪几种？
2. 叠山堆山的方法与规律有哪些？
3. 中国园林中对水的处理手法有哪些？

拓展阅读

本社编 . 文人园林建筑 [M]. 北京：中国建筑工业出版，2010.

第6章

园林的植物要素设计

6.1 植物种类

园林花木经过选择、布局和种植后，在合适的生长期和季节中，可以成为园林中的主要欣赏内容，有时还能生产出一些果品之类的副产品。园林花木种类繁多，分类方法多样，如按花木的观赏部位划分，可分为观叶花木、观花花木、观景花木；按园林用途划分，可分为花坛花木、绿篱花木、防护花木、地被花木、庇荫花木、攀缘花木、棚架花木、行道花木、盆景花木等；按气候带划分，可分为热带花木、亚热带花木、温带花木、寒带花木、沙漠花木、高原花木等。以下按草本花卉和木本花木简要介绍其特点。

6.1.1 草本花卉

1. 草花

主要有一二年生花卉、多年生花卉和球根类花卉三种。

一二年生花卉，大部分用种子繁殖。其中，春播后当年开花，然后死亡的，称为一年生草花，如矮牵牛、一串红等；播种后次年开花，然后死亡的，称为二年生草花，如金盏菊、虞美人等。这类草花花朵鲜艳，装饰效果强，但生命短促，栽培管理费工，在园林中只适用在重点景区，装饰各式花坛。

多年生花卉，又称宿根花卉，可以连续生长多年。一般冬季地上部分枯萎，次年春季继续抽芽生长。在温暖地带，有些品种可终年不凋，或凋落后又很快发芽，如芍药，每年秋末地上茎叶全部枯死，地下长纺锤型的肉质根积贮着充足的养料，深深地埋藏在土中；根茎处长着待发的幼芽，当次年春回大地的时候，幼芽破土而出，尔后叶色逐渐由紫红转为深绿色，除了顶端和最后发生的叶为单生外，其余都是羽状复叶，整个株丛和叶片均具观赏价值；花生茎端，硕美艳丽，于暮春开放，素有"春深霸众芳"、"芍药殿春风"之誉。这一类草花花期较长，栽培管理省工，常用来布置花坛。

球根类花卉，地下部均有肥大的变态茎或变态根，形成各种块状、球状、鳞片状。球根类花卉种类繁多，花朵美丽，常见的有水仙、百合、大丽菊、百子莲、唐菖蒲等。这类草花常混植在其他多年生花卉中，或散植在草地上，如图6-1所示。

图 6-1 拙政园内的芍药花坛

2. 草皮

系单子叶植物中的禾本科、莎草科的许多植物。由于植株矮小，生长紧密，耐修剪，耐践踏，叶片绿色，生长季节长，因而常用来覆盖地面。常见的有早熟禾属、结缕草属、剪股颖属、狗牙根属、野牛草属、羊茅属、苔草属等中的植物。经过人工选育，已经培育出几百个草皮植物品种，可满足各生态园林的需要。铺设草皮植物，可使园林不暴露土面，减少雨水对地面的冲刷、降低尘埃和热量反射，调节空气相对湿度和温度，如图 6-2 所示。

6.1.2 木本花木

我国的木本花木资源丰富，种类繁多，栽培历史悠久。

1. 针叶乔木

树形挺拔秀丽，在园林中具有独特的装饰效果。其中，雪松、南洋杉、日本金松、巨杉（世界爷）和金钱松五种，号称"世界五大名树"。针叶乔木又可分为常绿和落叶两类。常绿针叶乔木，叶色浓绿，终年不凋，生长较慢，寿命长，其傲岸的体形和苍翠的叶色，给人以庄严肃穆和安静宁祥的感觉，用来点缀寺院、圣迹等特别合适。落叶针叶乔木，如金钱松、杉木等，生长较快，比较喜温，秋季叶色变为金黄或棕黄色，可给园林增添季相特色。

图 6-2 拙政园内的草坪

2. 针叶灌木

在松、柏、杉三类树中有一些属有天然的矮生习性，有的甚至植株匍匐生长，在园林中常用作绿篱、护坡，或装饰在林缘、屋角、路边等处。桧柏属的矮生品种，如今已培育出 200 多个，其中大部分的亲本是原产于中国的桧柏。另外一部分矮生的松柏类，则是人工培育而成。

3. 阔叶乔木

阔叶乔木在园林中占有较大的比重。南方园林中常种常绿阔叶树，如广玉兰、枇杷、竹等，供作庇荫或观花。北方园林中大量种植落叶阔叶树，如杨、柳、榆、槐等。桂花、橘树、梅花、李树等小乔木树种，既有美丽的花朵可供观赏，还有果子可供品尝，是园林中一举两得的极好的观赏花木。

4. 阔叶灌木

植株较低矮，接近人的视平线，叶、花、果可供观赏，使人感到亲切愉快，是增添园林美的主要树种。如北方常见的榆叶梅、连翘等，南方常见的夹竹桃、马缨丹等。阔叶灌木无论常绿、落叶，在园林中孤植、丛植、列植、片植均适宜，同各种乔木混植，效果更佳，如图 6-3 所示。

5. 阔叶藤本

这类植物常常攀附在墙壁、棚架或乔木上，常用于园林攀缘绿化和垂直绿化。园林中常见的常绿藤本有龟背竹、叶子花、常春藤、络石等，落叶藤木有紫藤、葡萄、爬山虎、凌霄花等。藤本植物中，有些有攀附器官，可以自行攀缘，如爬山虎等；有些必须人工辅助支撑，才能向上生长，如紫藤、葡萄等。它们或以大片绿色，或以鲜艳花朵，或以累累果实，或以奇特攀缘形态，各显特色，为园林增色添景不少，如图 6-4 所示。

图 6-3　古典园林中的阔叶灌木

图 6-4　古典园林中的阔叶藤本植物

6.2　花木的种类选择及配种方式

6.2.1　花木种类的选择

花木具有生命，不同的花木具有不同的形态特征和生态习性。在园林内要因地制宜、因时制宜进行花木配植，使其能正常生长，充分发挥其观赏特性。选择园林花木，尽量要以本地树种（乡土树种）为主，以保证园林花木有正常的生长发育条件，并反映出不同地域的花木特色。当然，适量引植外地优秀花木，并不断进行驯化工作，使外来树种适应当地环境生长，可以丰富植物景观，更好地发挥园林绿化的生态功能。

6.2.2　花木配植的方式

自然界的山岭岗阜上和河湖溪涧旁的花木群落，具有天然的植物组成和自然景观，是自然式花木配植的艺术创作源泉。中国古典园林的花木配植通常采用自然式，在主体建筑物旁和道路两侧适量采用规则式。下面介绍几种园林花木的主要配植方式。

（1）孤植

孤植是指单一栽植的孤立木，它以表现花木的个体美为主，常作为园林空间的主景。"江边一树垂垂发，朝夕催人自白头"（杜甫诗）；"窗外一枝梅，寒花五出开"（杨炯诗）。对孤植花木的要求是：姿态优美，色彩鲜明，体形硕大，寿命长而有特色。在珍贵的古树名木周围，不可栽种其他乔木和灌木，以充分显示它的独特风姿。用于庇荫的孤植树木，要求树冠宽大、枝叶浓密、病虫害少，如图 6-5 所示。

（2）对植

即对称地配植数量大致相等的花木，多应用于园门两侧、建筑物入口，注意保持形态的均衡，如图 6-6 所示。

图 6-5　古典园林中造型独特的孤植树木　　　　图 6-6　怡园入口院中对植的树木

（3）列植

列植也称带植，即花木成行成带地进行栽植，多应用于马路两旁、规则式的广场周围。在园林中，主要作为隔景措施，一般宜密植，以形成树屏。

（4）丛植

三株以上不同花木的组合称为丛植，它是园林中普遍应用的一种方式，可用作主景或配景。配植宜自然，符合艺术构图规律，务求既能表现花木的群体美，也能看出花木的个体美，如图 6-7 所示。

（5）群植

群植是指相同树种的群体组合，树木数量较多，以表现群体美为主，具有成林之趣，如松林、梅林、竹林等。"纷披百株密，烂漫一朝开"（司马光诗）、"金谷万株连绮霓，梅花密处藏娇莺"（陈江总诗）、"谷深梅盛一万株，千倾雪波浮欲涨"（杨万里诗）是诗人笔下梅林美景的描绘，如图 6-8 所示。

图 6-7　古典园林中丛植植物设计　　　　图 6-8　天坛公园中对称的群植植物设计

6.2.3　花木配置的规律

在园林空间中，无论是以花木为主景，抑或是花木与其他园林要素共同构成主景，在花木种类的选择、数量的确定、位置的安排上，往往采用以下几种艺术手法，以表现园林景观的特色和风格。

1. 对比和衬托

利用花木的不同形态特征，运用高低远近、叶形花形、叶色花色等对比手法，表现一定的艺术构思，衬托出美的生态景观。在树丛组合时，注意相互间的协调，不宜将形态姿色差异很大的花木组合在一起。

2. 动势和均衡

各种花木姿态不同，有的比较规整，如石楠、桂花等；有的有一种动势，如杨、柳、竹、松等。在配植时，既要讲求花木相互之间的和谐，又要考虑花木在不同生长阶段和季节的变化，以免产生不平衡的状况。

3. 起伏和韵律

特别在道路两旁和狭长形地带上，花木配植要注意纵向的立体轮廓线和空间变换，做到高低搭配，有起有伏，产生节奏韵律，避免布局呆板。杭州西湖上的白堤，平舒坦荡，堤上两边，各有一行杨柳与碧桃间种。每逢春季，翩翩柳丝泛绿，树树桃颜如脂，"间株杨柳间株桃"，"飘絮飞英撩眼乱"，犹如湖中一条飘动的锦带，就是一个成功的范例。

4. 层次和背景

为克服景观的单调，宜以乔木、灌木、草花、地被植物进行多层次的配植。不同花色花期的植物相间分层配植，可以使花木景观丰富多彩。背景树一般宜高于前景树，栽种密度宜大，最好形成绿色屏障，色调宜深，或与前景有较大的色调和色度上的差异，以加强衬托效果。

5. 色彩和季相

花木的干、叶、花、果色彩十分丰富，在园林配植中，可运用单色表现、多色配合、对比色处理以及色调和色度逐渐过渡等不同的配植方式，实现园林景观的色彩构图。将叶色、花色进行分级处理，有助于组织优美的花木色彩构图。此外，要注意体现春、夏、秋、冬季相变化，尤其是春、秋两季的季相。在同一个花木空间内，一般以体现一季或两季的季相效果较为明显。因此，采用不同花期的花木分层配置，或将不同花期的花木和显示一季季相的花木混栽，或用草本花卉来弥补木本花卉花期较短的缺陷等，可以延长景观的观赏期，表现花木的季相变化，如图 6-9 所示。

图 6-9　中国古典园林中各色花卉竞相开放，视觉层次丰富

6.2.4　花木配植的艺术准则

1. 选择自然属性美与精神属性美兼具的花木

在风景园林花木的配植中，首先，应该选择自然属性美与精神属性美兼具的花木。中国园林由于受文人画家艺术风格的影响，在花木选择上，注重枝叶扶疏、色香清雅，追求"古、奇、雅"，讲究远观近赏，所谓"偃仰得宜，顾盼生情；映带得趣，姿态横生。"亦即注重选择自然属性美与精神属性美兼具的花木，既不以经济利益为重，也不是研究植物学分类，而是和书画一样，以艺术眼光注重其观赏效果和情感寄托。

造园者在选择花木种类时，应充分注意到花木的精神属性美，这是中国园林所特有的。人们在欣赏花木对象的时候，其自身就是一个再创造的过程。以生命力很强的松树为例，它在贫瘠的砾土及悬崖峭壁间都能生长，"遏霜雪而不凋，历千年而不殒"，因而以此作为忠贞不渝的象征。再以梅花为例，它有"万花敢向雪中出，一树独先天下春"的品格，示意于人，可以用来隐喻造园者风格。此外，牡丹的雍容华贵，莲花的"出淤泥而不染"，兰花的飘逸典雅等，皆可以用来喻人。

有的园林为了寄托主人的情感，抒发主人的志趣，往往突出种植一种主题花木，甚至以此种花木的名字命名其园。例如扬州个园，其园主黄应泰，虽是一位两淮盐业富商，但他对竹有至深的爱好，深受苏轼的"宁可食无肉，不可居无竹；无肉令人瘦，无竹令人俗"诗的影响，字"至筠"，号"个园"，索性连园名也取"个园"，因为"个"字是"竹"字的一半，其形似竹叶，故园内广种各类竹子，竹成为该园的主题花木。且园主人更着眼于竹的精神属性美，以竹竿有节，谐音"气节"，隐喻士人的坚贞不屈；以竹竿空心，寓示君子虚心、谦逊的美德。

2. 贵精而不贵多

中国风景园林在配植花木时，特别强调"贵精不贵多"的艺术准则，务以简洁点缀取胜，力避堆积芜杂、主次不分，一般均以孤植和二四株丛植为主，对植、列植较少采用。孤植花木的选择，以色、香、姿俱全者为上品，主要显示花木的个体美，常作为园林空间的主体。丛植，一般布局呈不等边三角形，使其各有向背，以体现布局的疏密和动势，决不像西方园林那样采取几何图案的布局；这种配植形式看似散松，实则相互呼应，有主有宾，颇具艺术匠心，为中国园林所普遍采用。在中国园林中，还常采用一种主题树种的群体组合，花木绝对数量虽多，但品种却"少而精"，以充分体现主题树种的群体美，如松林、梅林、竹林等。承德避暑山庄采用松树为其主题树种，无论是在宫殿区，或是湖泊区，或是平原区，或是山峦区，到处都种有挺拔苍劲的古松，或密林成片，或稀疏点缀，使整个园林浑然一体，呈现一派苍古景色，有力地衬托了皇家园林庄严肃穆的气氛，蕴含其深层次的文化内涵，直接反映其文化品位和艺术风格，如图6-10所示。

3. 月月有花，季季有景

所谓"月月有花，季季有景"这一花木配植艺术准则，亦可称为园林花木配植的"季相原则"，是指园林风景在一年的春、夏、秋、冬四季内，皆有花木景观可欣赏。盛誉远播的杭州西湖风景区就是一个成功的范例，其季相构图中，春有桃花、樱花、海棠等，夏有荷花、广玉兰、紫薇等，秋有桂花、木芙蓉、乌桕、枫、芦荻等，冬有梅、松、柏等，做到春花烂漫，夏荫浓郁，秋色绚烂，冬景苍翠，如图6-11所示。

图6-10　中国古典园林中精炼概括的造景形式

图6-11　杭州西湖景区内春夏秋冬四季之景

再以扬州个园为例。该园以四季假山的布局和堆筑而名闻天下，为了突出春、夏、秋、冬四季特色，除了选择不同的石质以外，还特别注意花木的配植，以烘托四季假山。春景以竹石开篇，洞门左右花坛上挺拔雄伟的刚竹，遒劲孤高，豪迈凌云，在竹子青翠、枝叶扶疏之间，几枝石笋破土而出，好似雨后春笋，带来了春的气息。园内花坛上还配栽迎春、芍药、海棠等春季花卉，呈现一派春意盎然的景象。夏山在水池西北侧展开，山腰蟠根垂萝，草木掩映；池内睡莲点点，丰富了水面层次，"映日荷花别样红"点明了"夏"的主题意境；山顶种植广玉兰、紫薇等高大乔木，夏日枝叶相连，浓荫如盖，花白而丰盈，创造了一种夏季宁静祥和的氛围，而夏季盛开、色泽艳丽、花期又很长的紫薇花，实为夏季花木配植中的佳品。秋山上，以红枫等秋色树种和四季竹为主，秋色树种叶形美丽、叶色鲜红，四季竹不耐寒，受冻后枝叶飘零，造成"秋风扫落叶"景象，突出"秋"色。冬山配植斑竹和梅，"斑竹一枝千滴泪，竹晕斑斑点泪光"，冬天的凄惨悲凉之感油然而生；"月映竹成千个字，霜高梅孕一身花"，则是冬景极好的写照。个园中花木配植注意季节景观效果，做到"园之中，珍卉丛生，随候异色"，堪称成功个例，值得借鉴、吸取。

这里还要着重谈谈冬季花木的配植问题。在以往诸多的典籍中，总习惯把冬季与严酷、凋零、沉寂联系在一起，实际上，花木的冬态景观自有它独特的美学价值，它更多地表现出雄威刚强、蓄而待发的特征。花木的美，不仅存在于它的花红叶绿上，同时也存在于其枝干的线条结构上。那些脱去绿装的树木，层层分枝井然有序，既有变化又有统一，堪称和谐美的天然杰作；更有一些高大的乔木，其雄威、通直的主干，直插云天，像一尊尊顶天立地、铁骨铮铮的英雄塑像，傲立于周遭萧索的苍穹，在一些错落的急剧下垂的侧枝反衬下，愈加显示出顽强向上的磅礴气势。这些只有在冬季，才能愈加清晰地向人们展示其独特的阳刚之气和所包含的独特精神内涵。至于一些常绿树木，也只有到了冬季，在坚冰、白雪的映衬下，才能显示出其青翠的可爱，显示出与逆境抗争的坚贞品格，即所谓"岁寒始知松柏之后凋"，"霜浓方显菊竹之高洁"。雪压青松、虬枝冰挂的景色，总给人一种不畏艰难、勇敢奋进的启迪。此外，许多落叶树冬季饱满的冬芽，另有一种特殊的观赏价值。那些冬芽，或附着枝侧，或亭亭枝端，或尖或圆的嫩芽虽被棕色的、灰色的、绛色的、紫色的颖壳包裹着，但却能让人清楚地感觉到，其中紧紧包裹的是一团团生命之火，一待适当的时机，就会突破重重包裹喷薄而出，向世界炫耀自己绚烂的生命之花。它寓意着"冬天到了，春天还会远吗？"它们用自己独有的生命气息，预示着春天的来临。"惜春常恨花开早"，这种春季前降临的景色，比起真正的春天景色来，独具一种朦胧的含蓄美，独具一种深沉的人生哲理启迪。因而，树木冬态景观的独到美学价值，有待我们去加深认识，并积极加以开发。比如多采用枝序优美、别致的落叶树种，如金钱松、合欢、白榆、槭树、盘槐等，以组成冬观枝型植物景点；多选用主干通直、分枝规整、冠型急尖的树种，如水杉、池杉、水松等进行丛林式栽植，以展示树木上升气势的内涵美；多配植冬季观干花木，如青桐、卫矛、皂荚、花椒、紫薇、赤枫等，进行成片种植，组成群落，展现冬日植物独特的审美价值；多选择冬芽饱满、显目的树种，如银杏、白玉兰、紫玉兰、马褂木、桃、梅、丁香等，组成一些能预示春意的植物景点，并运用对比手法，在大片落叶树丛中配植适量松竹，以便严冬季节在落叶树的反衬下，彰显松竹之葱翠与高洁。此外，在冬季植物景观的配植中，尤应注意对冬季特有的雪景和冰景的借用，如图6-12所示。

图 6-12　左上图为南方的苏州园林冬景，右上图、下图为北方皇家园林的园内冬景

花木配植上，除注意花、果色彩的季节变化外，还要注意花木叶色的季节变化。不同的树种，叶的绿色深浅度也不同；同一种树，其叶色也随季节的不同而变化，一般春季发叶时叶色由浅而深，臭椿、香樟发叶时显红色；到了秋季换叶时，叶色由深而浅，以致枯黄、凋落。经此变化，遍地落叶，大有"庭院深深深几许"之感。叶色的季相变化，往往带有大片的环境色彩效果，如春天，香樟、石楠等常绿树木换叶时，新芽嫩叶变为嫩红色，远看犹如满树盛开的红花。入夏，白玉兰、马褂木等落叶类的木兰科树种，皆为一片鲜嫩的黄绿色。至秋，众多的漆树科和槭树科树种多显艳紫色，枫香和黄栌则变成黄红色，而乌桕则有紫红、黄红、橙黄等多种色彩，正如陶弘景在《答谢中中书》中所说的："万山红遍，层林尽染"、"万类霜天竞自由"，把大自然打扮得格外娇艳迷人，别有一番壮丽的景色。因而，要注意不同树木的季节配植，这即所谓"青林翠竹四时俱备"， 如图 6-13 所示。

4. 选择叶子具有观赏价值的花木

生活中多数人喜欢观花赏花，为花的姿容动情，为花的色、香陶醉。然而，花木的观赏价值不仅仅在花开之时，而且还在于叶的形态、叶的色彩。正如陈从周先生《游园及其他》中所说："花是好，但'种花一年，看花十日'，感到花盛时太短了一些，而叶则长青，终年可观，尤其那种赏叶的树，太有意思了。"因此，他竭力主张："我是爱绿的人，提倡'绿文化'，要先绿后园。"

图 6-13　园林中不同花木叶色的季节变化丰富多彩

花衰叶盛是自然的常理，自古以来，那些对生活充满无限热情又独具审美慧眼的人们，却在花残香殒之时，寻找到了同样令人陶醉、令人同情的美好景致："红紫飘零草不芳，始宜携杖向池塘；看花应不如看叶，绿影扶疏意味长"（宋·罗与之《看叶》）。在流水花落的暮春之际，有时可以惊奇地发现，观花不如赏叶，苍翠欲滴、错落有致的枝条叶影，比起盛极一时的鲜花来更有情致，更有韵味，更富人生哲理的启迪。叶的翠绿如碧，不像鲜花那样仓促短盛，它充溢着弥久的旺盛生命力，给观赏者带来长久持续的审美享受。

至于专以叶子为观赏对象的植物，小者如文竹，大者如芭蕉，更为人们所青睐。文竹清姿瘦节，风韵潇洒，云片般的叶状枝高低错落、疏密相间、层层叠叠、秀色宜人，即使在雪花飘扬的寒冻，也是葱茏青翠、生机盎然、案头清供，清拔之气顿生。芭蕉叶片宽大，遮阳蔽日，在夏日里苍翠欲滴，将凉荫洒满庭园，尤显勃勃生机。其他如竹、松、兰花、铁树、龟背竹、橡皮树、三角枫、树桩盆景等，都是以叶子的颜色、形状、姿态作为主要观赏对象的植物。正如清代李渔在《闲情偶记》中所说："叶胜则可以无花。非无花也，叶即花也，天以花之丰神、色泽，归并于叶而生之。"这就是说，树木的美不一定非体现在花开上，许多时候叶就是花，叶胜于花。

人们通常将观叶、观芽、观皮等树木统称为"色彩树木"。其中，有的树木的叶色随着季节的转换而发生变化，如香椿、石楠、椤木、黄樟、油樟等，春季发芽抽嫩梢时，芽、叶均呈多种红色，尔后逐渐变绿，最后由浅绿变成墨绿色。而枫香、黄栌、乌桕树等树种，秋季时叶色就变红；银杏、栾树等，秋季叶色变黄。有些树木的皮很有观赏价值，或呈现多种花纹，或片状剥落形成花斑，或全部脱落而很光滑等。有些树木的根形外露，如榕树的气根，挂落如须如帘，别有美感。只要条件许可，都值得优先选择。

综上所述，在配植园林花木时首先要优先选择花、叶兼美的花木；其次要选择以叶的颜色、形状、姿态作为主要观赏对象的植物，包括观芽、观皮、观根植物，而后者往往在园林观赏上，会比前者取得更好、更久的审美效果，不可不特加留意。

6.3　中国园林花木造景艺术的共性

中国园林中的花木配植造景，笔者认为必须认真遵循以下六大原则。

1. 因地制宜原则

我国疆域辽阔，虽地处北温带，但南疆已属亚热带，北疆已属寒温带，南北东西，经纬度不同，气温、干湿度也不同，故配植花木时，要注意地域的区别，贯彻"因地制宜"的原则。正如清代著名园艺家陈淏子的《花镜》中所说："生草木之天地既殊，则草木之性情焉得不异？故北方属水性冷，产北者自耐寒；南方属火性燠，产南者不惧炎威，理势然也。"、"荔枝、龙眼独荣于闽、粤；榛、松、枣、柏尤盛于燕、齐；桔、柚生于南，移之北则无液；蔓菁长于北，植之南则无头；草木不能易地而生，人岂能强之不变哉"。中国历史上，汉武帝于鼎元六年（公元前 111 年），在汉代最大的皇家园林上林苑中，特地建造一座"扶荔宫"，一心想将热带、亚热带的奇草异木引植至北方，然而因为违背了因地制宜原则，结果却是失败了，《三辅黄图》对此有记载："以植所得奇草异木：菖蒲百本，山姜十本，甘蔗十一本，留求子十本，桂百本，蜜香、指甲花百本，龙眼、荔枝、槟榔、橄榄、千岁子、柑橘皆百余本。土本南北异宜，岁时多枯瘁。荔枝自交趾移植百株于庭，无一生者，连年犹移植不息，后数岁，偶一株稍茂，终无华实，帝亦珍惜之。一旦萎死，守吏坐诛者数个人，遂不复而莳矣。"

2. 因位制宜原则

每座园林中，有山，显高；有地，显低；有水，显湿；旱地，则干；空敞之地，阳光充足；地阴之地，缺乏阳光。因而，在配植花木时，要遵循因位制宜原则。陈淏子在《花镜》中曰："苟欲园林璀璨，万卉争荣，必分其燥、湿、高、下之性，寒、暄、肥、瘠之宜，则难事矣。若逆其理而反其性，是采薜荔于水中，搴芙蓉于木末，何益之有哉"，其意即为要按立地条件选用相宜的树种，才能园林璀璨，花木生长繁荣，例如喜阳之花如石榴："不畏暑，愈暖愈繁"，则应"引东旭而纳西晖"，种在阳光最充沛的地方，背阳则不荣；喜寒之花如梅花："不畏寒，愈冷愈发"，则应"植北围而领南熏"。再如园中地广，可多植果木松竹；地隘，只宜多种花草。

我国自然式山水园林的花木配植是非常重视因位制宜的。山丘地，一般以松柏类常绿针叶树为主体，以银杏、枫香、黄连木、槭树与竹类等色叶树为衬托，并杂以杜鹃、栀子、绣线菊等观花灌木，以丰富山林景观的层次和色彩。溪谷水边，配植池杉、乌桕、枫杨、垂柳、棣棠、水竹、芦荻等植物，以丰富水岸景色。池塘水体，适量种植荷花、睡莲、菱、浮萍等水生植物，以点缀水景。庭园中，配植梅花、海棠、玉兰、芭蕉、竹、紫薇、桂花等花木，做到四时有花。草坪周围，散植白皮松、伞形赤松、七叶树、三角枫、鸡爪槭、国槐等，既有绿荫，又富色彩。花架绿廊，可配植紫藤、木香、蔷薇、葡萄、凌霄、西番莲、叶子花等藤蔓花木。建筑物墙壁，可种植爬山虎、常春藤、络石、薜荔之类，以垂直绿化。台坡地，配植锦带花、野蔷薇、迎春、枸杞、箬竹等花木，予以点缀装饰。

总之，要按照不同的地理位置，了解花木的生长习性，兼顾游赏美景的需要，做到花木配植各得其所。正如《花镜》所描写的："设若左有茂林，右必留旷野以疏之；前有芳塘，后须筑台榭以实之；外有曲径，内当叠奇石以邃之。"、"因其质之高下，随其花之时候，配其色之深浅，多方巧搭，虽药苗野卉，皆可点缀姿容，以补园林之不足，使四时有不谢之花，方不愧'名园'二字。"否则，"有佳卉而无位置，犹玉堂之列牧竖。"

3. 色相配合原则

《花镜》对此阐述得特别具体："如牡丹、芍药之姿艳，宜玉砌雕台，佐以嶙峋怪石，修篁远映。梅花、蜡瓣之标清，宜疏篱竹坞，曲栏暖阁，红白间植，古干横施。水仙、瓯兰之品逸，宜磁斗倚石，置之卧室幽窗，可以朝夕领其芳馥。桃花夭冶，宜别墅山隈、小桥溪畔、横参翠柳，斜映明霞。杏花繁灼，宜屋角、墙头、疏林、广榭。梨之韵，李之洁，宜闲庭旷圃，朝晖夕蔼；或泛醇醪，供清茗以延佳客。榴之红，葵之灿，宜粉壁绿窗，夜月晓风，时闻异香，拂尘尾以消长夏。荷之肤妍，宜水阁南轩，使熏风送麝，晓露擎珠。菊之操介，宜茅舍清斋，使带露餐英，临流泛蕊。海棠韵娇，宜雕墙峻宇，障以碧纱，烧以银烛，或凭栏，或欹枕其中。木樨香胜，宜崇台广厦，挹以凉飔，坐以皓魄，或手谈，或啸咏其下。紫荆荣而久，宜竹篱花坞。芙蓉丽而闲，宜寒江秋沼。松柏骨苍，宜峭壁奇峰。藤萝掩映，捂竹致清，宜深院孤亭，好鸟闲关。至若芦花飘雪，枫叶飘丹，宜重楼远眺。棣棠丛金，蔷薇障锦，宜云屏高架。其余异品奇葩，不能详述，总由此而推广之。"总而言之，"其中色相配合之巧，又不可不论也。"

4. 季相变化原则

花木配植注意了季相变化原则，就能使园林景观在春、夏、秋、冬皆有花木景观可赏。我国很早就注意到花木配植的季相原则，素有"花信风"的说法。"花信风"是与"候"相对应的，而"候"是指我国农历自小寒至谷雨共四月八气、一百二十日，每五日为一候，共计二十四候。每候应一种花信，即为二十四番花信风。查考有关书籍，发现古人对二十四番花信风有两种不同的说法。一是宋代王逵《余海集》所说："古人以为候气之端，是以有二十四番花信风之语。一月二气六候，自小寒至谷雨，凡四月八气二十四候，每候五日，以一花之风应之。小寒：一候梅花，二候山茶，三候水仙。大寒：一候瑞香，二候兰花，三候山矾。立春：一候迎春，二候樱桃，三候望春。雨水：一候菜花，二候杏花，三候李花。惊蛰：一候桃花，二候棣棠，三候蔷薇。春分：一候海棠，二候梨花，三候木兰。清明：一候桐花，二候麦花，三候柳花。谷雨：一候牡丹，二候酴醾，三候楝花。"二是梁元帝《纂要》所说："一月二番花信风，阴阳寒暖，各随其时，但先期一日，有风雨微寒者即是。其花则：鹅儿、木兰、李花、杨花、桤花、桐花、金樱、黄揔、楝花、荷花、槟榔、蔓罗、菱花、木槿、桂花、芦花、兰花、蓼花、桃花、枇杷、梅花、水仙、山茶、瑞香，其名俱存。"梁元帝书中此说，鲜为人知。

了解二十四番花信风，就可知道春季四个月内的每种花木何时开花，就可根据不同的花期、花色，进行花木搭配，互相衬托，显示出季相处理的艺术效果，达到"月月有花，季季有景"，使花期延续不断，又不出现某季偏枯、某季偏荣的现象。至于春季以后各季，也有各自的花木荣枯时间。如夏天的荷花、石榴，秋天的桂花、菊花，冬天的枇杷等。只有按照季相变化原则配植花木，才能使整年的花木景观常变常新，使游人在不同季节，产生不同的美学感受。

宋代文人欧阳修在守牧滁阳期间，筑醒心、醉翁两亭于琅琊幽谷，他命其幕客"杂植花卉其间"，并在开列的花木栽植名单的纸尾写下"浅深红白宜相间，先后仍须次第栽；我欲四时携酒去，莫教一日不开花！"诗中明确提出了不管栽种何类花木，一定要实现"四时携酒"皆能赏花的目标，也就是花木配植的季相原则。花木配植时注意季节先后而"次第栽"。才能达到"四时有不谢之花，八节有长春之景"的艺术效果，如《金瓶梅》中记载："四时赏玩，各有风光：春赏燕游堂，桃李争艳；

夏赏临溪馆，荷叶斗彩；秋赏叠彩台，黄柳舒金；冬赏藏春阁，白梅横玉。"又如《陶庵梦忆》记载明末张岱所住的"不二斋"："夏日，建兰、茉莉，芗泽侵入，沁人衣裾。重阳前后，移菊花北窗下，菊盆五层，高下列之，颜色空明，天光晶映，如枕秋水。冬则梧叶落，蜡梅开，暖日晒窗，红炉氇氇，以昆山石种水仙列阶趾。春时，四壁下皆山兰，槛前芍药牛亩，多有异本。余解衣盘礴，寒暑未尝轻出，思之如在隔世"，如图 6-14 所示。

左上图为白梅花，右上图为桃花，左下图为山茶花，右下图为荷花

图 6-14　古典园林中的各种花木造景的艺术效果

5. 因景制宜原则

是纯林还是混交，是孤植、丛植还是片植、对植、行植、篱植，都要因景观主题的需要而选择。

孤植，应植于重要地位或视线集中点，并注意与周围景观的强烈对比，以取得"万绿丛中一点红"的效果。如欲创造浓郁强烈的气氛，某一特色树种则应相对集中，成片或由少到多，由引子引入高潮。

对植，用于园门、厅堂、桥头等两侧，一般选择槐树、海桐、枸骨、球柏、黄杨等形状规整而对称的树种。

行植，一般用于园路两侧及建筑物四周，选用龙柏、银杏、香樟、三角枫、棕榈等树干高直、冠形整齐、枝密荫浓的树种。

篱植，用于园林境界、树坛、花坛、草坪周围，用以分隔空间，一般选用珊瑚树、黄杨、栀子花、木槿、杜鹃等树种，可以密植成篱，又耐修剪造型。

园林中不同的配植法，对空间景观的形成有着明显的作用和效果。正如明代文震亨《长物志·花木篇》所说："庭除槛畔，必以虬枝古干，异种奇名，枝叶扶疏，位置疏密。或水边石际，横偃斜披，或望成林，或孤枝独秀。草木不可繁杂，随处植之，取其四时不断，皆入图画。又如桃李，不可植庭院，似宜远望；红梅、绛桃，俱借以点缀林中，不宜多植。梅生山中有苔藓者，移置药栏最古。杏花差不耐久，开时多值风雨，仅可作片时玩。"

6. 珍古原则

老态龙钟的古木，具有独特的审美形态，给人以独特的艺术享受而备受人们珍爱。

一棵古花木，要经过几代乃至几十代人、成百上千年的养护，才能遗存至今。它往往成了历史的见证人，是时代馈赠给我们的活标本、活文物，实在弥足珍贵。"兴建园林，高台大榭，转瞬可成；乔木参天，辄需时日"，指出了园林建筑构建和花木成景的不同，亦如计成在《园冶》中所说："新筑易平开基，只可栽杨移竹；旧园妙于翻造，自然古木繁花"、"斯谓雕栋飞楹构易，荫槐挺玉成难。"泰山有"五大夫"古松，相传是秦始皇登临泰山时所封，现只存 3 棵，枝虬叶茂，不仅给人难以忘怀的美感，还会诱发无限遐想和思古幽情。南岳衡山福严寺有一树龄达 1400 余年的古银杏，被郭沫若誉为"东方的圣者"。陕西黄陵县黄帝陵园内，古柏参天，其中一株高 19 米、下围 10 米的古柏为群柏之冠，相传为黄帝所手植，距今 4000 余年；另有一株将军柏，传为汉武帝征朔方回归时，参拜黄帝陵而挂金甲于此，至今树皮还有挂甲痕迹，柏液从中渗出，似有断钉在内。观赏此类古树，会使人触景怀古，激起无限感慨之情。当然，园林中的古木不会像上述历史古木那样岁月漫长，但保护古木的原则是一样的。因为一棵参天古木的形成，不是一蹴而就的，人们为了保护一棵难得的古木，筑路要绕道，造楼阁要让位，便是这一道理，如图 6-15 所示。

图 6-15　古典园林中的珍奇古树

综上所言，园林中的花木配植，均"因其质之高下，随其花之时候，配其色之浅深，多方巧搭。虽药苗、野卉，皆可点缀姿容，以补园林之不足"。所谓"质之高下"，便是"位置原则"，要"因位制宜"，否则，"有佳卉而无位置，犹玉掌之列牧竖"；所谓"花之时候"，便是"季相原则"，要"月月有花，季季有景"；所谓"色之浅深"，便是"色相原则"中的"配色原则"，还有"配相原则"，再加上"地域原则"、"配植原则"与"珍古原则"，只有将这六大原则"多方巧搭"，才可"使四时有不谢之花，方不愧'名园'二字，大为主人生色！"（《花镜·种植位置法》），如图6-16所示。

图 6-16　园林中常出现的花木鉴赏

本章重点与习题

1. 古典园林中的植物种类有哪些?
2. 植物配置的原则和方法有哪些?
3. 了解花卉和树木的景观层次设计。

拓展训练

1. 观察北方园林冬季的植物造景的艺术效果。
2. 拍摄南方私家园林的著名植物配置景观。

第7章

园林的室内家具与陈设

7.1 园林家具的材料与分类

　　园林建筑内的家具陈设，是园林景观不可缺少的组成部分。一座空无一物的亭轩、厅堂、楼阁，非但不能满足园居实用的需要，而且也有碍园林景观的欣赏。因而，园林建筑内的家具陈设，不是可有可无的附加物，也不是任意摆设的装饰品，除其实用功能以外，从观赏的角度讲，它是最能体现中国园林浓重的文化气息和民族风格情趣的，与西方园林建筑内的家具陈设迥然不同。

　　不同类型的园林风格，在家具设置及其陈设上也都会体现出来。皇家园林的家具，追求豪华，讲究等级，其风格是雍容华贵，体现"朕即一切"的皇家气派。私家园林的家具，追求素雅简洁，其风格是书卷韵味，体现读书人的文化氛围。宗教园林的家具，追求整洁无华，其风格是朴拙自然，体现僧尼的"与世无争"、"一心向佛"的宗教氛围。

　　我国古典园林中常见的家具种类与式样很多，现选其最主要的进行简要介绍。

1. 桌类

　　桌有方桌、圆桌、半桌、琴桌及杂式花桌。方桌，最普遍的是八仙桌，一般安置于案桌前；其次是四仙桌、小方桌等。圆桌，按面积大小，有大型六足、小型四足之分；按形式，有双拼、四拼或方圆两用等，圆桌一般安置于厅堂正中间。半桌，顾名思义，只有正常桌面积的一半，有长短、大小、高矮、宽狭之不同。琴桌，比一般桌子较低矮狭小，多依墙而设，供抚琴之用，有木制琴桌和砖面琴桌两类。杂式花桌，有梅花形桌、方套桌、七巧板拼桌等。各类桌子的桌面常用不同材料镶嵌，有的还可按季节特点进行更换，如夏季用大理石面，花纹典雅凝重，又有驱暑纳凉功能；冬季则宜以各种优质木料作板面，给人以温暖感，如图 7-1 和图 7-2 所示。

2. 案、几

　　案，或称条案，狭而长的桌子，一般安置于厅堂正中间，紧依屏风、纱幅，左右两端常摆设大理石画插屏和大型花瓶，如图 7-3 所示。

图 7-1　左图为梅花形桌，中图为厅堂内的双拼圆形桌，右图为书房内的方形书桌

左上、中上图为琴桌，右上图为半桌，左下图为四仙桌，中下图为七巧板拼桌，右下图为六角桌凳

图 7-2　古典园林中的各式桌类

图 7-3　各式古典案类家具

　　几，有茶几和花几两大类。茶几，分方形、矩形两种，放在邻椅之间，供放茶碗之用，其材质、形式、装饰、色彩、漆料和几面镶嵌，都要与邻椅一致。花几，高近2米的小方形桌，供放置盆花之用，一般安放在条案两端旁、纱槅前两侧，或置于墙角，如图 7-4 所示。

图 7-4　各式古典几类家具中的茶几和花几

图 7-4　各式古典几类家具中的茶几和花几（续）

3. 椅类

　　椅有太师椅、靠背椅、官帽式椅等。太师椅，在封建社会是最高贵的坐具，椅背形式中高侧低，如 "凸" 字形状，庄重大方；中间常嵌置圆形大理石，周体有精致的花式透雕。靠背椅，有靠背而无扶手，形体比较简单，常两椅夹一几，放在两侧山墙处，或其他非主要房间。官帽式椅，除有靠背外，两侧还有扶手，式样和装饰有简单的，也有复杂的，常和茶几配合成套，一般以四椅二几置于厅堂明间的两侧，作对称式陈列。在皇家园林内，还布置有供皇帝专用的宝座，体量庞大，有精致的龙纹雕刻，如图 7-5 所示。

4. 凳类

　　凳的样式极多，尺寸大小不等。方凳，一般用于厅堂内，与方桌成套配置；圆凳，花式很多，有海棠、梅花、桃式、扇面等式，常与圆桌搭配使用，凳面也常镶嵌大理石。圆形凳中另有外形如鼓状的，有木制、瓷制、石制三种，瓷制的常绘有彩色图案花纹，多置放在亭、榭、书房和卧室中，凳上常罩以锦绣，故又名绣凳，如图 7-6 所示。

左上图为四出头官帽椅，中上图为交椅，右上图为灯挂椅，左下图为南官帽椅，右中图为太师椅，右下图为玫瑰椅

图 7-5　各式古典椅类家具

图 7-6　花式众多的圆凳造型

5. 橱、柜

橱有书橱、镜橱、什锦橱、五斗橱等，柜有衣柜、钱柜、书画柜、玩物柜等，多设置于厅堂、书房及寝室内，如图 7-7 所示。

图 7-7　各种橱、柜类

6. 榻、床

　　榻，大如卧床，三面有靠屏，置于客厅明间后部，是古代园主接待尊贵客人时用的家具。榻上中央设矮几，分榻为左、右两部分，几上置茶具等。由于榻比较高大，其下设踏凳两个，形状如矮长的小几。床，是寝室内必备的卧具，装饰十分华丽。皇家园林中常置楠木镶床，是一种炕床形式的坐具，位于窗下或靠墙，长度往往占据一个开间，如图7-8所示。

上图为架子床，下图为榻

图7-8　各种卧具

此外，还有博古架、衣架、镜台、烛台、梳妆台、箱笼、盆桶、盆匣之类，如图7-9所示。

家具的材质多用珍贵的热带出产的红木、楠木、花梨、紫檀等硬木，质地坚硬，木纹细致，表面光滑，线脚细巧，卯榫精密，局部饰以精美的雕刻，有的还用玉石、象牙进行镶嵌。明代家具，造型简朴，构件断面多为圆形，模感十分舒适。清代家具用料粗重，精雕细刻出山水、花鸟、人物等花纹图案，造型比较烦琐。

7. 室内陈设

室内陈设多种多样，主要有灯具、陈设品和书画雕刻等。灯具，有宫灯、花篮灯、什锦灯，作为厅堂、亭榭、廊轩的上部点缀品；陈设品，种类繁多，单独放置的有屏风、大立镜、自鸣钟、香炉、水缸等；放古玩的多宝格，摆在桌几上的有精美的古铜器、古瓷器、大理石插屏、古玉器、盆景等。书画雕刻，壁上悬挂书画，屋顶悬挂匾额，楹柱与壁画两侧悬挂对联，常聘请名家撰写，其书法、雕刻、色彩与室内的总体格调十分和谐。匾额多为木刻，对联则用竹、木、纸、绢等制成。竹木上刻字，有阴刻、阳刻两种，字体有篆、隶、楷、行等，颜色有白底黑字、褐底绿字、黑底绿字、褐底白字等，如图7-10所示。

图 7-9　其他类家具

图 7-10　拙政园万寿堂的室内陈设

7.2 园林家具陈设原则

园林建筑内家具陈设的原则，一是满足实用要求。根据不同性质建筑的要求，选用不同的家具。如厅堂，是园主喜庆宴享的重要活动场所，故选配的家具必然典雅厚重，并采取对称布局方式，以显示出庄严、隆重的气氛。书斋内的家具，则较为精致小巧，常采取不对称布局，但主从分明，散而不乱，具有安逸、幽雅的情致。小型轩馆的家具，少而小，常布置瓷凳、石凳之类，精雅清丽，供闲坐下棋、抚琴清谈、休憩赏景之用。二是讲究成套布置。以"对"为主，二椅一几为组合单元，如增至四椅二几称之为"半堂"，八椅四几称之为"整堂"，亦即最高数额。在皇家园林中，更注意规格与造型的统一。

明末清初陈淏子著园林名著《花镜》，在卷二《花园款设》一节中，介绍了11种家具款设布置原则，反映了明、清两代园林家具的陈设意趣，正与我国现存的著名古典园林大多为明、清两代遗物相一致，因而殊为珍贵。现介绍如下。

堂室坐几："堂前设长大天然几一，或花梨，或楠木，上悬古画一。几上置英石一座，东坡椅六，或水磨，或黑漆。室中设天然几一，宜左边东向，不可迫近窗槛，以避风日。几上置旧端砚一，笔筒一，或紫檀，或花梨，或速香。笔规一，古窑水中丞一，或古铜砚山一，或英石，或水晶，或香树根。古人置砚俱在左，以其墨充不闪眼，且于灯下更宜。清烟徽墨一，画册、镇纸各一，好腾瓶一。又小香几一，上置古铜炉一座。香盒一，非雕漆，即紫檀。白铜匙柱一副，匙柱瓶一，非出土古铜，即紫檀或老树根。左壁悬古琴一，右壁挂剑一，拂尘帚一。园中切不可用金银器具，愚下艳称富尚，高士目为俗陈。"

书斋椅榻："书斋仅可置四椅、二凳、一床、一榻。夏月宜湘竹，冬月加以古锦制褥，或设皋比俱可。他如古须弥座、短榻、矮几、壁几、禅椅之类，不妨高设，最忌靠壁平设数椅。屏风仅可置一座，书架、书柜俱宜列于向明处，以贮图史；然亦不可太杂如书肆样，其中界尺、裁纸刀、铁锥各一。"

敞室置具："敞室宜近水，长夏所居，尽去窗槛，前梧后竹，荷池绕于外，水阁启其旁，不漏日影，惟透香风。列木几极长丈者于正中，两旁置长榻无屏者各一。不必挂佳画，夏日易于燥裂，且后壁洞开，亦无处可悬挂也。北窗设竹床、靳簟于其中，以便长日高卧。几上设大砚一，青绿水盆一，尊彝之属，具取阳大者。置建兰、珍珠兰、茉莉数盆，于几案上风之所，兼之奇峰、古树、水阁、莲亭。不妨多列湘帘，四垂窗牖，人望之如入清凉福地。"

卧室备物："卧室之用，地屏天花板虽俗，然卧处取干燥，用亦无妨，第不可彩画及油漆耳。面南设卧榻一，榻后别留半室或耳房，人所不至处，以置薰笼、衣架、盥匜、厢奁、书灯、手巾、香皂罐之属。榻前仅留一小几，不设一物。小方杌二，小橱一，以贮香药玩器，则室中整洁雅素。一涉绚丽，便类闺阁气，非林下幽人眠云梦月所宜矣。更须穴壁一贴为壁床，以供契友高人连床夜话。下穴抽替（屉），以藏履袜。庭中不可多植贱木，第取异种，当秘惜者，置数本于内，以文石伴之，如英石、昆山石之类。盆景，则设仿云林或大痴画意二、三盆，以补密室之不逮。"

亭榭点缀："大凡亭榭不避风雨，故不可用佳器；俗者又不可耐，须得旧漆、方面、粗足、古朴、自然者，置之露坐；宜湖石平矮者，散置四旁。其石墩、瓦墩之属，俱置不用，尤不可用朱架架官砖于上。榜联须板刻，庶不致风雨摧残。若堂柱馆阁，则名笺重金，次朱砂皆可。"

回廊曲槛："廊有二种，绕屋环转，粉壁朱栏者多。阶砌宜植吉祥绣墩草，中悬纱灯，十余步一盏，以佐黑夜行吟、花香兴到用。别构一种竹椽无瓦者,名曰花廊。以木槿、山茶、槐、柏等树为墙,木香、蔷薇、月季、棣棠、茶藨、葡萄等类为棚,下置石墩、瓷鼓,以息玩赏之足。"如图 7-11 所示。

图 7-11 拙政园里的回廊和蔷薇花廊

密室飞阁:"几榻俱不宜多置,但取古制狭边书几一,置于其中。上设笔、砚、香盒、薰炉之属,俱宜小而雅。别设石小几一,以置茗瓯茶具。置小榻一,以供倦时偃卧趺坐。不必挂画,或置古奇石,或供檀香吕祖像,或以佛龛供鎏金大士像于上亦可。"

层楼器具:"楼开四面,置官桌四张,圈椅十余,以供四时宴会。远浦平山,领略眺玩。设棋枰一、壶矢、骰盆之类,以供人戏。具笔、墨、砚、笺,以备人题咏。琉璃画纱灯数架,以供长夜之饮。古琴一,紫箫一,以发客之天籁,不尚伶人俗韵。"

悬设字画:"古画之悬,宜高斋中,仅可置一轴于上;若悬两壁及左右,对列最俗。须不时更换,长画可挂高壁,不可用换画竹曲挂。画桌上可置奇石,或时花盆景之属,忌设朱红漆等架。堂中宜挂大幅横批,斋中密室宜小景花鸟,若单条、扇面、斗方、挂屏之类,俱不雅观。有云'画不对景',其言亦谬,但不必拘。挨画几须离画一分,不致污画。"

香炉花瓶:"每日坐几上,置矮香几方大者一,上设炉一、香盒大者一,置生熟香;小者二,置沉香、龙涎饼之类。筯瓶一,每地不可用二炉,更不可置于挨画桌上,及瓶盒对列。夏月宜用瓷,冬月用铜,必须古旧之物,不用时炉被薰。凡插花,随瓶制,置大小矮几之上。春、冬铜瓶,若瓷者必须加以锡胆,或水中置硫黄末;秋、夏用瓷。堂屋、高楼宜巨,书室、曲房宜小。贵铜、瓦,贱金、银,忌有环,鄙成对。花宜瘦巧,不取烦杂。每采一枝,须择枝柯奇古;若二枝,须高下合宜,亦只可一、二种,过多便如酒肆招牌矣。惟药苗草本,插胆瓶或壁瓶内者不论。凡供花,不可闭窗户,恐焚香,烟触即萎,水仙尤甚。亦不可供于画桌上,恐有倾泼损画。"

仙坛佛室:"慕长生者,供《青牛老子》一轴,或《纯阳负剑图》一,必须宋、元名笔方妙。如信轮回者,供乌丝藏佛一尊,以金络甚厚、慈容端正、妙相具足者为上;或宋、元脱纱大士像俱可。若香像、唐像、接引、诸天等像,号曰一堂,并朱红、销金、雕刻等橱;道家三清、梓潼、关帝等神,皆僧寮、羽客所奉,非居士所宜也。此位置,得在长松、石洞,有石佛、石几处更佳。案头须以旧瓷净瓶献花，净碗酌水，石鼎蓺香，中点石琉璃灯，左旁置古倭漆经橱，以盛释典或仙籙；右边设一架悬灵璧石磬，并幡幢、如意、蒲团、几榻之类，随便款设，但忌纤巧。庭中列施食台，台下用古石座，石幢一幢，下设香艳名花。"

本章重点与习题

1. 园林建筑中陈设的家具种类有哪些？
2. 各古典建筑中的陈设布局是怎样的？

拓展阅读

康海飞. 明清家具图集 [Z]. 北京：中国建筑工业出版社，2009.

拓展实践

观察和实地测量古典园林中家具的尺度。

参考文献

[1] 宋·郭熙.历代论画名著汇编·林泉高致 [M].北京：文物出版社，1982.

[2] 宋·李文叔.洛阳名园记 [M].

[3] 宋·李诫.营造法式（卷上）[M].梁思成注释.北京：中国建筑工业出版社，1983.

[4] 明·文震亨.长物志 [M].

[5] 明·计成.园冶注释 [M].陈植注释.北京：中国建筑工业出版社，1988.

[6] 清·陈淏子.花镜 [M].伊钦恒校注.北京：农业出版社，1980.

[7] 清·乾隆.御制圆明园图咏——圆明园（4）[M].北京：中国建筑工业出版社，1986.

[8] 清·汪灏等.广群芳谱（1-4）[M].上海：上海书店，1986.

[9] 清·李笠.李渔随笔全集 [M].成都：巴蜀书社，1997.

[10] 清·郑板桥.郑板桥全集 [M].

[11] 清·李斗.扬州画舫录 [M].

[12] 清·姚承祖原著.张至刚增编.营造法原 [M].刘敦桢校阅.北京：中国建筑工业出版社，
1986.

[13] 童寯.江南园林志 [M].北京：中国建筑工业出版社，1984.

[14] 刘敦桢.苏州古典园林 [M].北京：中国建筑工业出版社，1979.

[15] 朱江.扬州园林赏录 [M].上海：上海文化出版社，1980.

[16] 陈从周.园林谈丛 [M].上海：上海文化出版社，1980.

[17] 刘敦桢.中国建筑史 [M].北京：中国建筑工业出版社，1980.

[18] 田学哲.建筑初步 [M].北京：中国建筑工业出版社，1982.

[19] 陈植.陈植造园文集 [M].北京：中国建筑工业出版社，1988.

[20] 陈从周.说园 [M].上海：同济大学出版社，1984.

[21] 清华大学建筑系.中国古代建筑 [M].北京：清华大学出版社，1985.

[22] 陈从周.扬州园林 [M].北京：中国建筑工业出版社，1986.

[23] 夏兰西，王乃弓.建筑与水景 [M].天津：天津科学技术出版社，1986.

[24] 安怀起，王志英.中国园林艺术 [M].上海：上海科学技术出版社，1986.

[25] 杜汝俭，李恩山，刘管平.园林建筑设计 [M].北京：中国建筑工业出版社，1986.

[26] 张家骥.中国造园史 [M].哈尔滨：黑龙江人民出版社，1986.

[27] 中国建筑美学论文集 [C].北京：中国建筑工业出版社，1986.

［28］彭一刚.中国古典园林分析［M］.北京：中国建筑工业出版社，1986.

［29］宗白华等.中国园林艺术概观［M］.南京：江苏人民出版社，1987.

［30］赵光辉.中国寺庙的园林环境［M］.北京：北京旅游出版社，1987.

［31］大百科全书·建筑、园林、城市规划［M］.北京：中国大百科全书出版社，1988.

［32］冯钟平.中国园林建筑［M］.北京：清华大学出版社，1988.

［33］（日）冈大路.中国宫苑园林史考［M］.常瀛生译.北京：农业出版社，1988.

［34］周维权.中国古典园林史［M］.北京：清华大学出版社，1990.

［35］陈从周.中国名园［M］.北京：商务印书馆，1990.

［36］王毅.园林与中国文化［M］.上海：上海人民出版社，1990.

［37］阮浩耕.主体诗话——中国园林艺术鉴赏［Z］.南宁：广西人民出版社，1990.

［38］张家骥.中国造园论［M］.太原：山西人民出版社，1991.

［39］张承安.中国园林艺术辞典［Z］.武汉：湖北人民出版社，1994.

［40］任晓红.禅与中国园林［M］.北京：商务印书馆，1994.

［41］杨鸿勋.江南园林论［M］.上海：上海人民出版社，1994.

［42］陈从周.园韵［M］.上海：上海文化出版社，1999.

［43］刘敦帧.中国古代建筑史［M］.北京：中国建筑工业出版社，2004.

［44］章采烈.中国园林艺术通论［M］.上海：上海科学技术出版社，2002.

［45］朱小平.中国建筑与装饰艺术［M］.天津：天津人民美术出版社，2003.

［46］朱小平.园林设计［M］.北京：中国水利水电出版社，2012.